U0022065

沒名ㄅ,
你就是招牌

求職、換工作、轉行、接案、創業前,
一定要懂的個人品牌經營學

葛捷思(陳昭文)——著

目錄

目　錄

第 4 章　廣告實戰操作，串聯品牌的線上資源

第5章　成功的心法，來自市場認知與紀律

好評推薦

「在這個時代，不需要公司賦予的名片才能生存，你必須擁有專業實力與市場價值，才能為自己擦亮招牌。」

—— 少女凱倫，跨界 CrossOver 創辦人

「在過去的年代，人們努力讓自己名片上的頭銜越來越高，所屬企業的名聲愈來愈響亮。然而，在現今自媒體沒有門檻的年代，每個人只要願意持續耕耘、累積個人作品、建立專業能力與形象，便能樹立個人品牌，闖出人生的一片天。葛捷思鉅細靡遺地將個人的豐富經歷，整理成為一本實用的指南，想要擦亮個人招牌的讀者，趕快試試書中的方法吧！」

—— 江季芸，理財作家

「每個人都是自己人生的 CEO，都要為自己一生好壞負上全部責任。內在及外在成就若為人生兩大目標，那麼個人品牌經營應是獲取外在成就的捷徑，而此書即是個人品牌經營的良好教戰守策！」

—— 愛瑞克，《內在原力》系列作者、
TMBA 共同創辦人

「如果今天你是市場所需要的人，你可以有市場獲利的能力，你的能力與實力被你的客戶所需要。那麼親愛的，不論網黑網紅，跟你有多少證照上多少課程都無關，沒有名片與頭銜你依然可以好好生活，因為人性是自私的，只要你對於別人有利，你們的關係就會存在，懂人心、通人性、沒名片，人生也可以。」

——許維真（梅塔／Metta），

《自媒體百萬獲利法則》作者、美股投資人

「離開職場前，每天有上百封的電子郵件，離開職場後，可能再也沒人要寄電子郵件給你。你必須靠自己才能填滿這些空白的日子，因為拿掉名片，你什麼都不是，你再也無法靠這些郵件，刷自己在公司的存在感，這時候心中的焦慮，只有自己知道。作者葛捷思在第一章直接開門見山地說：『個人形象，建立在品格和能力之上。』這句話很有道理，更是硬道理。年紀越大越有感，當你到了快 50 歲，就是靠你過去的聲譽在做生意，如果過去的名聲不好，真得會把自己的路越走越窄。年輕的時候，如果累積足夠的聲望，即使你離開業界或公司很久，大家還會討論你、記得你。」

——蘇書平，先行智庫／為你而讀執行長

前言
名片不再重要，要斜槓也要跨能

　　當你拿起這本書，或許你對職涯定位產生了迷惘，也可能是不知道該如何用力讓自己變得出色。或是想讓更多人看見自己，但是沒有方法、也不知道從何開始，更不知道哪些內容才是自己的專長，能讓自己有那麼一點的不同。

　　我們都想要獲得認同感，讓自己有點專業的形象，可以在工作上來得更優雅、更得心應手，讓每一個努力都有價值，不再只是工作一個換一個，每次都必須從頭開始努力。

　　這幾年，職場環境的轉變，讓工作這件事有點不一樣的看法。

　　以前，我們會看公司的名片頭銜去評估一個人的狀態，名聲越響亮、職務層級越高，就代表有著不錯的成就。但現在許多人轉變成上網搜尋名字、背景、網路可見度、資訊聲量等內容，用這樣的模式去判斷個人的品牌能見度有多高，因此你所服務的公司已經不見得是最重要的評估依據。

設計出身，跨足行銷、管理、HR

　　我會用自己的經歷，分享有哪些方法與工具可以持續地

累積自己，可以打造專業的個人品牌價值，讓更多的人認識自己，也能從這些斜槓內容獲得收益的機會。

專業能力的層級、有效產值的輸出、個人聲量和商業變現能力，是現在許多專業領域評估一個員工或合作對象的主要依據。

現在，我除了擁有正職工作，這幾年多了一個作者的身分，定期撰寫文章，在自媒體與公開平台發布，分享有關品牌行銷及廣告操作的實際經驗，建立內容行銷的長尾效應，打造「葛捷思」這個個人品牌。獲得多次校園講座和企業講座的邀約，也與多間中小企業合作成為品牌的經營顧問。

2021 年，出版了《市場買單，你才叫品牌》一書後，並於 2022 年，與智基科技的學思酷線上學苑，開設了一堂有關於品牌行銷的課程《從行銷到品牌管理，培養專業經理人的策略思維》，讓個人品牌取得最完整的專業領域形象。

未來的職場路上，就算褪去了正職工作的抬頭，我仍然在線上自媒體建立了屬於自己的招牌，實踐了《沒名片，你就是招牌》的最終目標。

當然，我仍然熱愛我的設計工作，在學背景出身為商業設計科系，在職場初期用單一個專業，讓自己成為有競爭力的工作者，透過職場的歷練，再善用工作職務上的經驗，取得第二專長的能力，成為職場進階的踏板。

現在，我仍然在設計專案上有長期合作的夥伴，穩定的專案來源不僅增加了業外的收入，更讓我的作品與資歷，可

你就是招牌

以不斷的累積下去，在市場上活躍。原始的專業能力，成為我開拓職場與市場定位的最佳關鍵武器。

這些堆積的成果，都來自於個人品牌的建立，善用科技時代產生的「自媒體」，呈現自己的想法與作品，要讓更多的人認識自己，已經不是一件困難的事。

但要擴大觸及的受眾與客群，甚至能達到商業轉換或者商品銷售的目的，就必須仰賴行銷企劃，以及廣告的投放才能達到期望的成果。

在過去，要進行銷售，必須擁有一定的表達能力或銷售話術，但現在，只要懂得如何在網路操作廣告，哪怕你是一個天性內斂的個人品牌，都能躲在電腦後面創造不錯的銷售績效。

科技帶來的力量，影響的不僅只是在商業市場的銷售上，更可以把每一位工作者，利用個人品牌的方式串聯到線上來創造商機。

我一路從設計師，轉換到行銷市場的領域，再提升到企業營運的管理位階，現階段成為分享專業經歷的工作者，這一切的成果都是善用自媒體工具，以及行銷廣告的模式，哪怕未來的合作夥伴還不認識我，都已經可以靠網路上所建立的資源，了解我的邏輯思維和專業領域，合作的契機就有機會持續的發酵。

把自己當品牌在經營

現在，你也可以善用你的專業能力，建立個人的品牌形象，哪怕你覺得自己看起來沒有這麼厲害，只是一個平凡的白領工作者，都可以將每一項工作的事件記錄下來，把每一個關鍵的經驗寫成故事，可以讓未來想要踏進這個領域的新手們獲得知識，那這就是一個有價值的產出。

在多年的工作期間裡，一定會碰上某些專業領域，讓你有所選擇，若能嘗試掌握關鍵轉折，就能取得進階的關鍵技能。

職場，就跟打電動一樣，破了一關，拿到了更好的武器，就能前往更高階的關卡，你的工作收入也會因此不斷的堆高，更可以選擇你未來想要的工作型態。

只要持續性的、正向的，去分享每一個工作的內容與經驗，都可以成為陌生人認識你最好的媒介，而這些代替你讓人熟悉的內容，就是成立個人品牌最好的武器，不要小看每一個內容的產出，個人品牌的價值往往會有出乎意料的結果。

尤其現在產品製造的門檻低，只要你的商業模式正確，透過廣告行銷的操作，就有機會讓產品持續替你獲利，到這時候，你就已經不是職場工作者，而是一位創業者、企業家。不到最後，會發生什麼事，誰會知道呢。

雖然起步是辛苦的，但你持續做得越久，後續的滾雪

球效應就會越大。商業品牌與個人品牌一樣，都需要不斷累
積，沒有一蹴可幾的事情。

第 **1** 章

個人形象，
建立在品格和能力之上

打造個人品牌形象，
讓每個努力都有目的

　　在過去的職場環境，每一個專案的執行、每一個銷售的成果，都會隨著專案結束或時間的過去，這一切就必須全部歸零，無論成功的喜悅或失敗的懊悔，基本上不會留下任何的遺跡，只有當下的夥伴記得這些革命情感的過程。

　　這樣的工作模式，是不是像極了我們每一次找工作、換團隊的標準作業程序，每一次的成果，看似都無法累積，求職表上除了職位與期望待遇，這些工作執行的故事就只能列表在履歷的後半段，而且還不一定有人看。

　　我想大部分的人都知道，一間公司的 HR 在瀏覽履歷時，一份資料通常在 30 秒之內就會做初步判定，甚至聽過某些資深人資，會在 10 秒內決定是否繼續看下去。

　　除非你曾任職的是上市櫃公司，並且具有規模的知名企業，否則公司名稱真的不是這麼重要，會被關注的反而是產

業內容是否符合需求，以及專業素養的程度。

這短短的 10 到 30 秒之間，我們能做的事很有限，要擺脫流水式的記載，只有建立個人的專業形象，列表出個人在外部所累積的作品內容，才能吸引人資或合作夥伴繼續往下看。透過這些故事所記載的專業項目去了解你，如此一來，我們才有辦法與其他人不同，取得更多的機會，談到更好的薪資條件，而選擇權，就能掌握在自己的手上。

建立個人品牌形象，不僅止於拍幾張專業的形象照，或是把各項專業執照列表出來，就可以達到想要的效果。

而是必須透過公開平台，將所經歷過的工作內容，做成具有專業程度的故事篇章，在網路上供所有人瀏覽，並取得認同，也就是必須將自己當成公眾人物去耕耘，堆疊網路聲量和資料可被搜尋的數量，達到專業領域的認同感。

如果無法累積過去每一個項目的內容，每一次都必須重新來過，那這些過去的努力就沒有實質的目的，只是變成一次次的流水帳，下一個任職的公司或合作夥伴，就必須再花時間觀察彼此，每一次都必須歸零，就變得非常可惜。

要在哪些地方建立資訊？

累積個人品牌形象有很多種方式，可以將資訊建立在自媒體上，透過 Facebook（FB）、Instagram（IG）、

YouTube 等平台，去發布你想傳達的內容。

這些平台的屬性也有不同的特質，FB 適合長篇文章，深度討論主題內容的形式；IG 適合圖片和短影音的高互動模式，問答互動的操作更是目前線上的主流觸擊方式；YouTube 的操作難度比較高，需要多媒體人員的協助，但若能夠直接得到廣告商的分潤，也是一種額外的收益來源。

至於其他可以建立資訊的公開平台，還有方格子VOCUS、痞客邦 PIXNET、Medium、Matters 等，這些平台各自有不同的經營模式，該如何發文，以及適合發那些內容，參考平台內的活躍作者，就可以得知一二。後面的章節，會再一一解說各個平台的創作屬性，以及該如何設定文章內容。

若可以撥出一點預算，也稍微懂得版面編輯，建立WordPress 的個人網站更是可以在 SEO（Search Engine Optimization，搜尋引擎優化）上加分不少。

經營個人形象品牌，最後的目的就是要讓所有的點擊與流量，回到自己的身上，創造更多的互動和商業合作的機會，所以在這些公開平台上建立資訊，是絕對必要的工作項目之一。

不用任何身分，都可以創作內容

許多人覺得經營自媒體就是要當網紅，當網紅才能創造內容，但就算我們不是網紅，也要讓職場上的工作夥伴認識自己，一樣可以透過專業讓他人了解自己的特質，不用擔心自己是素人就不敢創作，別忘了，**哪一個網紅不是從素人走上來的**。

如果你原本的工作屬性就是行銷、作者、講師、高階主管或企業主等相關的職務，那對於經營內容是再輕鬆不過的事。

但大多數人都不具備以上的條件，只是一般的藍領、白領階級，甚至家庭主婦、自由工作者為居多，在這樣的條件下，最好的方式就是將自身所擁有的專業，轉為有價值的資訊。

也有身為業務的朋友，認為自己並不如專業內勤有深厚的文字底子，要創作內容會覺得沒有說服力、沒有公信力，但市場上卻是最缺乏這種自我經營者。有明確的產業目標，有明確的受眾，也有明確的產品轉換，缺少的只是有力量的資訊平台來證明自己的專業與能力。哪怕撰寫的經驗稍弱，或許表達的方式不如專業人士流暢，這些都能透過公開平台的內容去補足缺口，並不用每一項觀點都需要自己鋪陳。

把公開平台的資訊，整理成懶人包，將產業的脈絡，以及產業的總體經濟相關內容，持續的追蹤、持續的探索當下

的時事狀態，都可以讓讀者因為你的關係，了解更多產業內的資訊。就算讀者當下沒有需求，但往後若產生需求，就有機會成為讀者的首選。也會因為長時間的經營，讓產業內的業主看見，創造合作的需求及挖角的可能，這些都是經營自己可能得利的成果。

除此之外，真的想不到經營自己會有什麼損失，若硬要說，大概就是會減少睡眠的時間與玩樂的時光。

哪些是有價值的資訊？

職場每一項的工作經歷都會有主軸內容，這些內容通常具備一定的專業性，而這個專業性就有價值讓我們去轉為影片、圖片、文字、音訊⋯⋯。

在初期建立內容階段，肯定會遇上很多困難，尤其是紀錄的內容會出現許多個人抱怨，以及負面的觀感，也包括對於人事組織的不滿，但這是正常的必經過程，很少有人一開始就能抓到重點。

要跨越這道門檻，其實不難，只要把你自己對於這些問題的看法，以及解決的方案條列出來，透過每一次的紀錄去理解過程，也透過這個方式去觀察事件的原貌，時間久了，這些能力會自然地成為你的工作基礎。一段時間後，你會發現自己跟過去會有點不太相同，看事情的角度、面對問題的

態度，都會有很大的轉變。

個人品牌強調的是個人魅力與個人觀點，不論你過去職場的階級如何，就算只是位於基層人員，也具有條件可以去分享內容。

職場環境上，隨時隨地都有新人踏入這個領域、有更多人想跨足你所熟悉的專業環境，你的經驗與工作法則就是這些人最好的分享內容，不用擔心自己的不足，重點在於你是否願意跨出這一步。

堅持，是累積的第一條件，也是未來的個人履歷

長期輸出內容是建立個人品牌最重要的關鍵，大多人在這條路上只有三分鐘熱度，個人品牌需要長期性的更新，哪怕一個月只有一兩篇的進度，時間越走越久，就會持續地累積作品數量。

有些人經營自媒體很在意是否有人看，但我們在經營之前就已經定義是個人的職場紀錄，主要受眾是未來的合作夥伴及應徵企業，沒有其他流量也是很正常的事，所以不需要太放在心上。

但誰也說不準，哪天運氣好，文字紀錄不小心被分享轉發，造成市場的迴響，不也是額外的收穫嗎？

我們該做的，就是不斷的產出內容、不斷累積，讓個人

形象更鮮明，讓專業更具信任感。

當你的資訊或作品累積到一定的程度，可以嘗試往投稿的路上前進，讓你的想法與文字被更多人看見。社群媒體是一個驗證自身能力的地方，只要有公開平台願意用你的東西、展示你的作品，就代表內容具有一定的品質、與知識價值，繼續往同個方向努力，實力就會不斷提升。

社群媒體已經是每個人生活中很重要的一部分，除了私人的生活分享，從現在開始，也請你開啟一個公眾的帳號，累積未來每一個經歷過的故事，讓所有人可以透過自媒體而了解你，開啟個人品牌的專業形象。

釐清自己處於什麼階段，讓市場幫你評鑑實力

　　人性在面對自己時，總是會讓自己過度膨脹，或是過度謙卑，導致看不清自己的市場價值與定位。執行個人品牌形象之前，必須先了解目前自己的專業及能力處於哪個階段。

　　有些人在大型企業待久了，覺得自己的工作內容平凡無奇，沒有什麼值得好說嘴的內容，但是在專業能力跟經歷上，若換到中小企業去，很有可能足以承擔中階主管以上的職務。也有些工作者一直以來都在中小企業服務，逐步爬升至中高階的主管職，但因為企業體內競爭力較低，導致未來職場異動後容易造成不順利的情況。

　　會發生這兩種狀況，通常不是因為個人的主觀因素，而是環境的關係讓自己看不見真正的現狀，這時候就必須靠市場的回饋來確認自己的市場價值。

　　要透過市場來審視自己的價值，可以使用幾個方法：

1. 將作品投稿至一線的品牌平台公開發表
2. 參與相關產業的競賽項目
3. 專業執照可證明具備基礎能力
4. 透過市場作品，履歷求職驗證薪資水平

首先，**透過公開文章的發表累積作品**，是最具有公信力的一種模式，要能夠得到線上平台的認同，公開發布的文字都必須具有一定程度的專業，內容也等同具有價值的知識。

當文章被採用，平台也等於用自身的專業替作者背書，在網路的 SEO 建立上會有非常大的幫助，能 Google 出來的資料，都是最好的累積方式。

要在產業內快速地累積聲量和作品，這是最快的方式，但也是最具困難度的做法，除了要熟悉編輯的思維，更要能抓到讀者的心態，有時候文章闡述的角度會影響平台的意願，平台的觀點大多屬於資方，讀者卻是勞方的角度，要如何拿捏內容，確實需要一點經驗，多被打槍幾次就能抓住撰寫的感覺。

其次是**取得公開競賽的成績**。在某些產業上，定期會有公開性的徵選或競賽活動，我們可以將過去工作時所完成的內容，重新整理成為符合競賽條件的稿件。

善用過去完成的作品，不用特地為了競賽花時間去創作，出了社會，時間價值就是最寶貴的資產，要把時間花在可以取得更多收益的地方上，競賽這種事就由運氣去決定是

否獲獎就好，不需要看得太重。

如果運氣好，可以替自己增添一些光環，雖然走起路來不見得有風，但在資歷上可以多個幾項內容可以說嘴，也是不錯的經歷。

最重要的是，能夠獲獎，代表在這個產業裡，已經具有一定的競爭水準，能夠和業界的高手一較高下。對自己擁有自信，溝通的過程就不會太過謙遜，有時候溝通需要自信的展現，才會顯得具有專業。

專業證照，證明自己的專業基礎

我想大部分人都有過類似的經驗，在面談或聊天的過程中，要慢慢解釋自己的工作內容跟專業項目，才能讓對方了解自己擅長的領域，但有了證照，就可以省略這個步驟的時間，快速達到專業的共識。

證照的抬頭，也會讓自己看起來比較厲害一點，並且有可能在意想不到的時候派上用場。

我曾經參加過設計專案的比稿程序，到最後的階段時，當每位競爭者的專業能力相當，主辦方在選定合作對象就會猶豫不定。

最後，運氣非常好的成功取得合作的機會，事後在閒聊時才得知，會勝出的原因在於，我本身擁有「廣告設計乙

級不分類組」證照，因這張證照的發取數量相對稀少，在合作對象的選定稽核上，回報公司的書面資料就會有評選的依據，可以排除較多個人的主觀疑慮。

具有一定規模的企業，在選擇合作對象或發包採購時，會盡可能的降低事後爭議的可能性，當競爭者的能力均等時，所擁有的執照或證書，以及公開數據資料，就可能成為決定性的關鍵。

但轉回來現實的個人職場面來談，證照雖然取得了合作的機會，但證照在職場上，實質上沒有太大的作用，不會加薪、更不會讓自己高人一等，頂多只是在履歷上多了一條經歷，告訴面試官你有這項專業的基本實力罷了。

要不要花時間去取得相關執照，就看個人意願為主，雖然大多數時間用不到，但畢竟都有實力了，考起來解個成就也是不錯的選項，而且，我們不知道哪天它說不定就可以派上用場，也花不了多少報名費。

證書，可以證明你擁有這項專業的基礎實力，無須多做解釋。

透過實際作品，到求職市場上取得評價。

這一個模式也是最多人用的方法，把自己扔到自由市場上，看業主們願意開出多少的薪資聘僱到職。

市場上，評估競爭力的方式，不外乎過去的作品跟實際

業績的創造，而這個方法就必須列表出每一項過去的執行內容，就回到上一個篇章所提的，個人品牌資料的建立是否充足，透過累積的作品去認證專業能力的水平。

每一個產業都有評估能力的方式，朝主流的方向去建立績效，會較快取得市場的認同感。

如果你是行銷企劃或 PM 窗口，建議可以多觀察百貨公司的陳列、海報、檔期展覽，或是大型購物平台 MOMO、Yahoo 這種大檔期的主要視覺的處理模式，可以學習一下它們的編排規劃，但切記別照抄，畢竟誰都不想自己的作品被抄襲。

這些團隊人員基本上都是科班出身的，作品產出沒有一定程度的水準，主管絕對不會輕易讓這些人下班的，而這些通路品牌也是質感保證的標準之一，想要跟一線品牌競爭，起碼作品的品質也必須平起平坐。

或者你是粉絲團經營者，在文案企劃的部分，多觀察自媒體的經營特性，每一個小編在發文的屬性不同，去找到你喜歡的風格，只要能跟個人品牌與產品產生連結，就可以嘗試類似的屬性去經營。

不管你在哪種產業，當出現不知道該怎麼處理手邊的內容，學習這些主流通路的做法，基本上就不會偏離太遠，當操作順手之後，自然就會產生自己的特色。

雖然到市場求職這個方法最直接，但不建議頻繁的轉換職務，記住，滾石不生苔的原則，在一個產業要從陌生到熟

悉再到上手，少說需要一年以上的時間。除非一開始就確定
自己被蒙了眼，選錯了企業，那就別浪費時間、趕緊離開，
否則還是建議做出點成績再轉換，會來的比較好。

　　由市場去認證你的成績，會更快取得可信度及認同感。

「專業」是一切根基，要把專業力磨到出眾

在職場領域工作完成的能力，專業是最基礎的條件，沒有一個項目是不需要仰賴專業，哪怕只是講話，都需要溝通跟協調的能力。

在經營個人形象上，專業項目就會成為你的核心門檻，這個核心價值會定位未來發展個人品牌的走向。

「專業力」的組成，通常展現在兩個主要的結構上，一個是「專業技能」、另一個是「職場歷練」，這兩樣組合起來，才會成為足夠的專業實力。因為實質的技能，會在專案的執行上遇到困難而轉型，也就是說為了達成目標，會找到最適合的解決方法。

舉例來說，我的基礎專業是設計背景，理論上會往設計相關的領域去提升。但因為工作經歷的關係，接觸到大量行銷相關的工作內容，解決的方案上學習了許多廣告操作的模

式，最後品牌的經營才演變成主要的工作項目，也成為葛捷思個人的品牌形象。

職場經歷的轉變也會跟產業別有關，若我的選擇不在品牌設計上，而是工業設計類型的企業或是百貨公司的設計工作，那未來就會朝展示設計、產品設計等型態去發展。

所以，每一個選擇都會成為不一樣的自己，專業必須加上你喜歡的產業，去成為你未來想要的模樣，沒有一定該要怎麼走才會成功的道路。

專業力要出眾，不能忽略執行力與適應力

雖然說，專業能力是最被強調的部分，但必須加上執行力與適應力。

我們都曾經遇過工作的進度不如預期，但是又常常找不到確切的原因，這時候很有可能就是執行力不如提案的目標，或是企業內的資源與運作模式的適應力不足，就會造成專案的成果遇上瓶頸。

執行力會直接影響流程的順暢度，而執行力包括了團隊能力的極限、企業資源的整合、外部資源的協調與外包等。

當一項專案開始前就必須評估這些隱形的資源，雖然這些內容無法量化，但在哪些地方需要外部協助、哪些可以由內部完成，必須有基礎的概念與認知，避免在提案時講得天

花亂墜，最後的成果卻差強人意，而這些內容會影響整個專案完成的獲利狀況。

或許你也曾經看過，有些人在專業知識附有相當程度的認知，談起專案項目時非常精采，但到了實際執行時，很容易在其他的環節卡關，而且屢試不爽，似乎只要成為專案的負責人，就會發生類似的情況。但只要角色轉換之後，成為團隊的執行者，僅負責某部分的專業內容，一切就又變得順暢了。

這足以驗證，只有專業知識而缺乏執行與資源整合的能力，並不足以完成目標，所有談論的事物即使再理想，也都只是空中樓閣，沒辦法執行落實以得到預期的成果，就沒有價值可言。

專業力的另一個重點，「適應力」。適應力又可以分為幾個細項：

資源的整合能力

企業內部的資源、團隊現有的可用資源、所缺少的資源如何取得，這幾個項目會成為適應企業體質的重點。

團隊的溝通能力

除了團隊內的水平溝通，跨部門組織的協調常常會是執行關鍵，能夠得到其他部門的協助，會讓許多原本不順利的事情步上軌道。

產業的判斷能力

擁有基礎的產業判斷能力，對於市場變化的敏銳度能夠掌握方向，對於往後的執行規劃與想法，就不會與主流模式落差太大，通常就可以避免重大錯誤的產生。

時間的管理能力

專案完成的時程，會直接影響績效的表現，人事資源的安排與後端製程的撮合，了解輕重緩急的安排，更可以讓團隊趕上市場的熱度，有些機會過了關鍵的時間點，就會大幅衰退。

人際相處的能力

良好的交際手腕，可以幫助你在部門內營造友善、圓融的工作氣氛，同事之間和睦相處更有助於凝聚部門向心力，最起碼，你的專案不會被刻意延宕。

這幾項重點，說明適應力不只是身邊的環境因素，也包含了產業、人事、溝通、管理等專業因素，最後才成為「適應力」。

跨出不同的產業別，壓縮提升的時間

在職場上，要具有高度的專業能力，少說需要三到五年的磨練期，如果是競爭力度沒這麼高的產業，時間上可能還會來的更久。

這裡並不是指團隊組織或企業的專業度不足，而是面對問題的案件相對來的少，而且內容單純，要磨出相對的專業能力就會稍嫌緩慢。

要加速壓縮時間、提升能力，最快的方式就是利用接案的模式。讓自己能夠在短時間接觸到不同的產業，了解各種需求的解決方案，過程中就會提升創造的能力，被迫進階自我的應變能力與提高抗壓性。

我們在同一個產業待久了，會因為熟悉度高的關係，常常覺得自己無所不能，好像什麼問題都不會是問題，所有一切都在掌握之中。

這個狀況就會產生另一個現象，當求職者一旦轉換跑道，就會發現怎麼好像許多事情都變得無法控制，過去的經驗值感覺用不太上，事事不如自己預期，就會開始懷疑自己的工作能力，甚至開始後悔離開過去熟悉的環境。

但其實原本的專業仍然還在，只是不同的產業會有不同的思考邏輯，面對問題的處理順序也會不同，只有多接觸不同的產業後取得「職場經驗」，才能提升專業能力的「適應力」。

沒名片，
你就是招牌

把行業的疆界打破，每一項專案都需要不同的管理能力，有意識地不斷自我升級，就能提升自己的市場價值。

專業之外，「品格」是長勝的累積關鍵

　　建立個人品牌，專業能力固然是最基礎的條件，但最容易被忽視且影響深遠的關鍵在於品格的建立。

　　工作不會永遠都順利，會讓人印象深刻的大都是各式各樣的難關，一旦我們面臨這些困境時的反應與情緒，都會落入他人眼中觀察的細節。

　　這些實際的過程與反應，都影響著未來的合作機會，以及企業升遷的重要評估，有時候事情的對錯與最後的結果，並不會成為檢討的重點，反倒會回過頭來看領導者與團隊的應對狀況。回想看看，在我們的記憶中是不是也存在類似的片段，過去的同事與主管中，是誰遇到狀況能夠處變不驚，而誰又荒腔走板，最後能夠獲得升遷、合作機會的，往往大都是因為品格良善正直，才脫穎而出的。

　　用正直和誠實的態度來面對職場問題，雖然是最惡厚的

方法，但也最能獲得大多數人的共鳴與認同。

在高專業度的工作環境裡，常常會讓我們不自覺的陷入其中的浪漫，試著將每一件事做到完美，做到連自己都無可挑剔，這樣才能對得起自己的努力。

但在這些完美的堅持下，我們的合作夥伴或團隊有時候不一定能因此受惠。在過去的經驗裡，我曾經為了要呈現完美的提案成果，將標準提得太高，導致不僅預算超出，更讓後續的進度排程都因此延宕，甚至讓其他協力合作的團隊無所適從，這都是因為太過理想化，缺少了現實層面的考量，最後產生了不完美的成果，導致無法如期完成。

這個教訓讓我了解到，再完美的專案，若無法準時上線，無法讓大多數人滿意，充其量也只不過是滿足自我的藝術品。

留一線，即是品格展現的精神

在老一輩的口中，常常聽到做人做事必須留一線，其實這也正是品格延伸的精神之一，讓每一次的合作、每一位一同努力的夥伴，都能有良善的收尾。

品格，不僅只在專業上展現，也包含了溫度與同理心，團隊的運作順利、合作夥伴的績效提升，都是品格評估的依據。每一項工作與任務，專業雖然占據了大多數的條件，但

品格卻影響了許多看不見的潛在因子，甚至會直接關係到下一次合作的機會，我們所經手的每一個事件，都會成為眾人檢視的關鍵。

上了年紀，才會了解到圓融與圓滿的含意。

年輕時，覺得專業能力至上、績效為王，只要能達到目標，可以忽視許多當下不重要的感受，先拿到眼前的績效才是王道。但這樣的過程，往往會不小心觸犯到許多的禁忌，甚至於有可能傷害其他人，若你是資深工作者，對於這樣的心理狀態想必也不陌生。我們都曾經後悔過某些沒有說出口的事，對於某些人、某些事感到抱歉，卻似乎也沒有辦法再回到過去彌補，或做些什麼。

品格，會影響個人品牌的成長力道

建立個人品牌的路上，專業形象是最直接的包裝，我們用專業提供服務、用專業建立商業模式，但需要用品格去維持應有的態度與人設。

每一個階段的職場工作，每一個異業合作的對象，只要有開始，就會有結束的那一天。中間的執行過程難免有不同的觀點與討論空間，這些磨合時期常常會產生質變，有些是目的取向不同了，或是雙方的價值觀上有了明顯的落差，造成溝通的方式越來越激烈，甚至有了應付的狀態出現，通

常最後都會導致無法完成預期的目標，就算完成了，也不完美，彼此都留下了心理的疙瘩。

有開始就會有終點，善終也是每一個專業工作者必須要學習的技能。我們常聽過曾經合作的彼此，訴說著對方的每一個缺點，似乎這個合作或是這個職務，一開始就是一個錯誤，就跟長輩說的一樣，「目睭去予蜊仔肉糊著」[*]才會選了你，除了無止境的抱怨，一無是處。

雖然我們都是為了工作而努力，但每一件事情的背後都是一個人，並不只是單純的專業內容。我們所執行的每一個決策，有沒有符合該有的規範，有沒有盡量去照顧到每一個環節的夥伴，這些都會成為品格判斷的標準。

良好的合作關係、職場人際，建立基礎在人之上，專業能力是重要的合作標準，但良善的人格特質，能讓個人的品牌價值加速滾動。

每一次的結束，都代表著一個感謝，用這樣的心態去完成最後的工作，將功勞回歸到每一位曾經付出的夥伴身上，時間將會帶給你最好的複利價值，往後的合作機會也會持續不斷的增加。

記得，不論專業能力有多強大，若捨棄了關注他人的感受，偏移了職場道德觀，在建立個人品牌的路上，會增加不少阻礙，甚至失去許多成功的機會，「品格」會是長勝的累積關鍵。

---

* 台語：眼睛被河蜆肉糊住了。罵人看不清真相。

人生的 30 歲大關，
如何選擇？

　　職場歷練來到接近 30 歲的這個階段，很多人都碰到職場轉換的難題，不是沒得選擇，而是選擇太多了，不知道該如何選。

　　幾年的職場歷練，終於把專業做到出眾，在原公司的發展似乎也受限，但再換一個公司也覺得不會比較好，該留下、還是離開。

　　留下，就只能這樣嗎？

　　離開，也不知道該怎麼選下一條路，你正在面臨的選擇題，我們也曾經歷過。

　　如果留下，可以提升你的其他專業技能與職場視野，而且公司內部有給予機會，就可以去嘗試；反之，就沒有留下的理由。

　　若選擇了離開，代表你對自己的市場競爭力，以及專業

能力有一定的自信，選擇具有年資的中小企業，會是一個不錯的選擇。

在中小企業的體系內，很有機會接觸到除了自身專業以外的工作內容，更多跨部門的合作與企業營運的機密，這是在大型企業體系無法歷練的，嚮往更高階的經理人或管理階層，這些歷練就必須走過。

大型企業因為肩負龐大的營運壓力，不太會給沒經驗的新手主管這樣的職位跟權限，風險太高，也不符合企業效益，求職者只能透過中小企業的歷練，證明自己的身價再轉往大型體系。

另外，也有些專業人才對於跨領域沒有太大的興趣，在職場異動上就會往更知名、更大型的體系，持續累積更多的市場經驗，最高層級可位階總監、部門執行長等。這樣的高度專業案例常在工程師、金融體系上看見，年資長、薪資高，也比較不容易異動，異動後的屬性往往也非常相近。

不論哪種選擇，這些條件的前提，他們都具有一定的專業識別度，也等同建立了個人的專業形象，證明自己的身價。而我們要擁有這些選擇權，也必須先擁有等同的實力與條件，才有這個階段的煩惱，不然通常會安逸到發生求職困難之後，才會開始後悔當初浪費太多時間。

證明自我價值的方式，就如同前幾個篇章所提到的，找到可以持續累積的作品與績效，將每一段歷練設法串聯起來，讓每一個努力跟紀錄點都有職場價值，往後的「工作

運」就會越來越順暢，而這個運氣其實是過去的努力累積起來的，並不單純是大家所認知的「運氣」。

突破後，成為高級管理階層或成為自己的老闆

經歷過 30 歲的關卡，當你已經具備市場的高度專業，以及豐富的職場視野觀點，選擇往更高端的管理階層或是創業成為自己的老闆，這個階段會是大多數人的職場分歧點。

這個階段的選擇，要判斷個人的價值觀取向，就不再只是單一的職場選項而已。

有些人適合在企業內展現成就，往更具規模的企業發展，持續放大自己的職場能量，提升人生的高度，來證明自己的存在；有些人選擇自己所愛的工作模式，由自己來主導屬性與內容，選擇創業完成自己的人生夢想，哪一個都沒有錯，只是承受的風險程度不同，想完成的自我價值不同罷了。

你可以跟大多數求職者一樣，繼續在職場努力往上精進，也可以選擇建立個人品牌，用專業形象作為工作的基礎，兩者的基本能力相同，最大的差別在於收入的來源，企業體系單一且集中，個人品牌收入多面化、浮動性大，各有優劣，這兩者看似差別不大的結果，但有著不同的風險承受度差異，需要全面性的評估自身特質。

但並非一定要在這兩者之中選擇其一，我自己的選擇方

式就持續在企業體系內就職，但仍然在對外的平台上建立個人品牌價值，持續地累積經歷與市場價值，取得兩者之間的平衡，將風險降到最小，當有更多的機會來臨時，再調整工作的重心比重即可。

每個階段的任務都不同，無法用一套標準就涵蓋所有的工作內容。但唯一相同的基礎就是必須把專業做到出眾，你才有選擇的權利跟職場空間，一旦失去競爭力，就只能挑人家剩下的職務，而你不再具有主導權、選擇權。

建立專業的個人品牌形象，就等同建立你的個人履歷資料，只是轉為自媒體的形式，公開在各大平台上交由市場定義價值。能夠留存下來的，都代表禁得起考驗，更可以證明自己的身價。

未來，在求職與創業的路上，只需要一張 A4，簡述各種績效的對外連結，當面試官與夥伴一一點開這些內容後，想不認同你，都難。

其實，我們都比自己想的再更厲害一點點。

30 歲以前，建立自己打天下的武器；30 歲之後，選擇打天下的環境。

具備第二或第三職能，
拓展職涯廣度

　　職場競爭條件的組成，是由每一個點所建構的基礎，而每一項專業都是一個關鍵點，當你擁有了第二個關鍵點，職場能力就會成為一條線，擁有第三個能力，就會形成一個面，晉升為更全面的專業人才，而這些關鍵點在於跨專業的整合能力，以及在產業的實際運用上能夠發揮多少。

如何運用整合能力，拓展職場的廣度

　　職場的廣度是除了自身的專長之外，同時擁有高度相關的另一個特殊專長。

　　以我自己來說，設計科班畢業後，在職場磨練到有一定的經歷後，往市場行銷的領域發展，也因為接觸到廣告行銷

後，開始著手撰寫文案相關的內容，因此也等同接觸了兩個次相關的專業領域。

在這個領域內，能夠操作品牌行銷，也同時執行設計美學，再加上文案撰寫可以投放廣告，市場上就鮮少有類似的人才會同時間在職場求職，因此本身的競爭力就會提高很多。這已經讓原本的單一設計專業，發展成為能帶領一個行銷團隊的專業能力，在職場升遷的道路上，自然就會順暢許多。

再加上，因個人興趣而進修取得財務金融相關等證照，使得自己能看懂基礎的財務報表，進而了解產品成本的結構與營業費用、營業成本上相互關係的重要性，成為我在行銷預算上的分配和營業毛利能夠抓得更準確的基礎。

具備第二種職場能力，會產生哪些變化

以幾個比較常見的職位為出發點來談，只要具備第二職能，就會有不一樣的發展跟市場機會。

物流

一般的物流人員，工作內容比較枯燥，收單、撿貨、裝箱、出貨，看起來沒有太特別的專業，薪資待遇一般。但如果你懂關務，就可以往經營進出口的企業發展。或者你

有第二外語的能力，更可以往外商體系去嘗試，這些職務的機會，待遇上大多會比一般物流人員來的更好，也有更多的機會。

物流人員也會因為工作執行的過程，因而了解所有廠商的往來與物料清單（Bill of Material, BOM）的上下結構關係，等同掌握了市場上的廠商資源，未來要往第二專長去發展，或是創業的路上，會因為了解市場上的資源，相較來的更有優勢。

營運績效方面，除了下單的業務本身，沒有人會比出貨人員更了解特定產品在哪些通路賣的好，這些都是職位上具有的天生優勢，就看你會不會用。每一次的成功或是創業歷程，都是從這些細節去堆積起來的資源。

祕書及助理

通常都屬於高階主管旁的附屬職位，很多人都說這種職位是打雜，的確是沒錯，但也是難得寶貴的機會。

你可以看這些在位的人，如何安排工作內容、如何安排行程，以及溝通的技巧與營運團隊的技能，與其在書上、在電視上看那些成功人士分享著遠在天邊的願景，不如先從身邊的主管看看哪些是值得學習的內容，偷學對方的工作技能是最快的成長路徑。

能待在這個位置，一定有某些過人之處，企業不會白養沒效益的高端人才，必須拿出貢獻，才能在高度競爭的市場

上存活。別捨近求遠，先從身邊的主管階級偷學東西來提升
自己。

業務

　　績效為主的職務，原則上沒什麼好說的，誰賣得好、賣
得多，講話就大聲，但現在的企業採購窗口與消費者沒有這
麼容易滿足。

　　除了說得好，都會希望業務擁有高度的產品專業，這不
是公司的內部教訓練講講就好，最好具備相關學歷、證照，
才足夠支撐你的理論，也證明你不是天花亂墜。

　　若沒有辦法取得學歷或相關證照，也要盡可能地去進修
市場的課程、講座、研討會等等，除了可以跟客戶談上幾句
最近的市場狀況跟產業問題，最重要的是可以得到客戶的信
任，業務不再是業務，而是 EC（電子商務）通路的 KOL（關
鍵意見領袖）、KOC（關鍵意見消費者）的實體版。

工程師

　　對於數字和邏輯的流程上本來就具有高度優勢，此時若
有電子商務行銷相關的專業基礎，AI 行銷的大數據分析運
用上，成效會非常驚人。行銷長的職務不一定要行銷相關背
景，具備工程師背景的人才，往往會創造更多令人驚豔的績
效，也已經有很多大型企業證明了這個理論。

越具有主管價值，特質越明顯

能夠跨足第二專業、第三專業領域的領導者，會創造出不同的產業價值，跨足的專業越多、職位通常也就越高。

這也是為什麼每次管理階級的職位異動，公司招募進來的人才，通常無法與上一位能夠完全符合，雖然大部分的主要專業背景雷同，但所具備的跨領域專業都是不同的特質，判斷的依據和執行專案的特質都會不同，不單單只是個性的問題，而是專業培養出來的特性驅使。

這是高階管理層具有的市場優勢，不會有人相同，也不會完全不一樣，但做出來的績效就是各有特質與市場區別，每一次的轉向，都可能帶來不一樣的變化。

現在的職場環境，能具有高度身價的，不再僅是單一專業的長才，而是能夠跨領域溝通、跨專業基礎作為判斷依據的整合領導者。

未來這樣的人才會越來越多，過去各自為政的部門系統，也會慢慢改變生態，形成專業只是基礎，整體的綜效成為企業著重的目標。

我們也沒有辦法知道，未來會需要哪些技能，更不知道會往哪些產業去發展，但只要是自己有興趣的內容，都可以去建立相關的專業技能。這些技能在未來會用各種不同的形式，來反饋自己所努力的成果。

成為市場上少數的特殊人才，才是職場永恆不墜的原理。

擁有提案力與表達力

　　當你開始具備多項的職場技能，越來越能夠掌握市場的狀態，以及團隊方向與規劃時，會發現需要講話的時間，變得更多了，變得更需要去做水平溝通或承上啟下的工作。

　　尤其體制越來越需要你的觀點與專業時，提案的能力與表達闡述的方式，就會成為專案推展順利的關鍵，尤其職位越高，越需要將專業的內容，轉化為大家都聽得懂的方式。

　　回想一下，你有沒有曾經在職場上，聽老闆、主管講完話之後，卻聽不懂其中的涵義，或是太多的跨部門專有名詞，必須要東湊西湊才能勉強了解會議的大綱，最後還有可能解讀錯誤。

　　這些溝通的模組，其實可以透過建立標準程序，讓自己未來在每一個事項的傳達，或是專案的提報上，都有更好的邏輯性與前後互相呼應的效果。

建立自己的標準作業程序

由於一般人並不會有太多的提案機會，或是相關的職場經驗，在主管、老闆、客戶面前做專案簡報，並不是人人都需要。

在不知道該如何著手的狀況下，會按照過往的經驗法則先去做「主題陳述」、「再列舉出相關問題」，接著是「提出市場機會點」、可能的「解決改善方案」，最後才是「答案」。

這樣的方式並沒有錯，但只是流水式的例行性流程，無法吸引人專注於你當下的內容，若沒有辦法勾起聽眾的興趣，要達到共識就需要更多時間的溝通，這樣其實很累人。當大家都用這種標準模式溝通時，最常聽到的就是，我們再回去討論看看，或是私下再聯繫，這就代表雙方在溝通上並無共識，或者無法接收到你所想要傳遞的訊息。

若調整前後的順序，讓專注力聚焦在前十分鐘，或許就會有不錯的效果。

嘗試在提案開場的主題後，接著提出對於市場的基礎觀點，也代表你對市場的了解程度，以及現況的掌握，並不是憑空虛構。

再來直接進入答案的架構，**你打算怎麼做，預期可以帶來的效果是什麼**。由於跳過中間的過程，這就跟追劇的心態一樣，一開始就給你結局，你會反射出許多的為什麼。善用

這個心理因素，在場的人大多會立刻被吸引，既然直接有了定論，那又是如何做到的，這裡就會讓雙方快速產生共識的機會，甚至達成溝通的目的。

當心理層面上產生了好奇的心態，對於專案主題的需求上，過程中的共鳴點就會提高。

接下來的步驟就循著結果論的內容，依序反推專案帶來的市場機會點與改善的方案，以及預期達到的效益，最後，因應這些操作的內容，可以解決哪些問題點，再回到專案主題去做收尾。

尤其市場的變化往往會超越原本的計畫，所以必須再附上預期可能會發生的狀況與備案大綱內容，表示已做足完善的規劃，這樣的溝通與提案的過程，通常都可以順利的往下進行。

這種提案或回覆問題的 SOP 流程，主要重點分為三個階段：

1. 回覆答案
2. 詳解原由
3. 提出備案

這三項重點包含了事件所有的評估觀察項目，每一個步驟都能準確地完成，就能降低產生錯誤的機率。尤其當職場歷練還不足夠的時候，每一項工作的邏輯架構沒有這麼準

確，就會常常發生遺漏的事件。

這其實不能算是錯誤，只不過是經驗不足，而且職場上不一定有前輩可以指導，或是自身解讀能力不夠，也達不到事前提醒的效果。

有些時候，業主在提出需求的當下，不會直接明瞭的告訴你目的，這多少帶有考驗的意味，甚至有些根本不知道自己要的結果是什麼，很多都是抱著做做看再說的心態。

利用反向的引導方式，常常能夠看出老闆與業主的心態，是否早已有屬意的執行方案，或者真的放手全權由我們接手執行。

記得，讓主管與業主對提案內容產生興趣，就能縮減雙方的溝通時間，建立專案共識，才能讓所有進度順利進行。

除了標準作業程序，也可以說點故事

提案的內容，在問題點的說明中，加上一些身邊遇到的故事，或是客戶、同業發生的現況，都能將溝通做到更深的認同。導入情境，是更高明的提案手法，每一項的產品銷售，都是不同的生活體驗，把體驗感帶回當下，能激發出更多同溫層的效益。

故事的內容都會有一個最終的目的，在這個目的上連結雙方的優點與機會點，模擬各種成功的可能，把專案說得像

是一段熱血，又讓人值得期待的未來，讓每一項工作都能感受得到機會點，產生價值感，商業轉換的機率就會提高。

讓專案的決議權，回歸主角

提案的最後，切記不要喧賓奪主，將主導權巧妙的轉回老闆、主管或業主身上，畢竟這是他的場子、他的金子、他的案子，我們的角色是站在輔助的位置協助他們成功，縱使之前的操作模式有誤、有不合時宜的內容，都不能在公開場合做批判，適度的提醒、提出更好的方案與內容技巧，這才是我們存在的意義。

讓業主拿回會議最後的主導，有個最大的好處，提案時的過程，通常無意間會透露出哪些是他所喜愛的、傾向的模式、偏好的操作手法，我們只需要順水推舟，將相關的方案做更細部的調整、修飾，順利成交的機率通常很高，在對的地方使力，才會事半功倍。有時候我們過多的堅持，反而是造成進度不順利的主要原因之一。

一個成功的簡報提案，事前準備的功課不能少，舞台魅力的練習需要累積，製作簡報的能力更是不可或缺，你是否也嚮往能在提案舞台上侃侃而談的能力，這或許需要一點天賦，但努力學習也是必須的。

通往成功的路不好走，但也不算難，只要你有企圖心、

有執行力、有堅持、有專業，就只是早晚的事情，只需要等
待正確的時機來臨。

主動創造公司裡
從來沒發生過的機會

　　企業體系在各部門運作都有一定的商業模式，如何拿到訂單、拿到業績、賺到獲利，這些模式通常都會依照產品屬性的特質，跟隨市場的主流銷售模式進行營運。尋找適合的門市、通路進行上架合作販售，這些模式都是大眾市場上固有的既定模式，也是大多數品牌的獲利來源管道，當我們加入體系後，要做的就是維持這樣的營運系統，把績效盡可能的放大，達到目標。

　　這些例行專案通常由基層主管執行運作，固定的檔期銷售、合作文宣、賣場導流等，其實各家廠商大同小異，現在你做的內容與過去曾任這個職位的同仁也都雷同，一旦更有企圖心想要往上競爭更高的階級，這些勢必不夠成為晉升的條件。

　　企業想要看的是額外的獎金，這些獎金並不一定是真的

績效，而是開拓另一個新的可能、新的窗口、與過去不一樣的商業模組，這些商業模式不一定要在當下就能創造產值，只要能夠讓企業在未來的市場提高競爭力，就是一個成功的創新。

要完全創造一個市場沒看過的商業模式，就算真的有機會，老闆可能也會害怕，畢竟沒有成功的案例可以參考，未知總是會讓人恐懼，提案也不容易過關。

創新，不一定要在產業創新，只要換個更快、更有效率的方式，找到既有市場的販售模式，切入公司尚未開發完成的領域，拿到從未完成過的合作合約，都能證明自身的條件與能力有升遷的潛力。這是業務單位和 EC 部門常用的方式，在通路上創新，拿到更大的客戶、更多的合約金額，就能得到更多的獎金、更高的職位升遷，但除了負責營業的單位之外，就沒辦法創造機會嗎？

分享一小段故事。過去的職場上，一位任職於物流部的同仁，在例行會議上提出一個觀點，創造了討論的空間。

　　物流部同仁：「公司做品牌銷售，為什麼不乾脆一起做代工，前端跟後端一起賺不是很好嗎？」

　　行銷部同仁馬上回：「公司沒有製造廠，要如何做代工，不可能。」

　　「幹麼要工廠，我們現在的代工廠就有 GMP 資格，他們做就好了啊。」

「代工本來就要有代工廠，不然人家直接找他們做就好了啊，何必找我們。」

「但我們可以替他創造品牌的優勢，建立品牌的銷售模式，最好是代工廠會做。」

「好啊，那做出來的東西跟我們一樣，變成市場競爭對手，還不是害到自己，自討苦吃。」

一來一往的結果，差不多已經到要吵起來的地步，當下草草結束了會議，但這件事反倒開創了一個議題，讓上層主管去評估這件事的可能性。

最後的結果，公司確實開發出了一個代工的營業部門，也陸續開始拿到訂單，但代工的對象並不在台灣，而是轉向了國際市場。將代工廠的 GMP 製造優勢、企業的品牌經營優勢，重新包裝成另一個新的市場品牌，走入國際市場讓有興趣的外國廠商做代理、做品牌移植，而所有的內容成分都是 MADE IN TAIWAN，品牌精神、產品品質均由台灣控管、保證。

一個無心插柳的建議，也可以說是爭吵，替公司創造了不一樣的營業內容，開發了更廣的市場機會。

這位物流同仁最後也調整職位至營運管理部門，除了國際物流的內容，也偕同高階主管進行營運建議，他的視野看到了不一樣的可能，未來也有機會再創造一個不同的機會。

每個人的職場敏銳度不同，不是只有在營業端才能創造

績效，內勤人員擁有的企業資源比營業端來的多，能創造的可能性來的更廣，別讓自己把不可能掛在嘴邊，因為每個人都有機會跟別人不一樣。

善用公司現有的資源，產品實力、研發能力、品牌資源、工具優勢等各項內容，重新組裝，有時會發現不一樣的可能，只要在能控制的預算內，都具有嘗試的可行性，組裝能力有時更勝於創新能力。

一樣的材料、不同的廚師，料理出來的結果都不會相同，讓自己去成為更出色的那個人。在執行各項例行性的專案，撥出一點空間與時間，嘗試一些不同的做法，提升團隊的創造力，也可以提升整體團隊的視野高度。

職場上，完成大於完美

　　在過去還沒坐上管理職、還沒開啟個人品牌之前，我是一個工作單純的平面設計師，但大部分的職場環境，還是稱呼我們為美工，簡單來說，就是把上層交代給你的文字，做成漂漂亮亮的廣告文宣，然後就沒我的事了。

　　最後，總會看見業務單位或業主拿著那些作品，吹噓自己的想法多麼棒，創造出這麼優秀的案子。而真心會尊重我們這些創作來源的人，通常也都是業內的相關創作者，行銷、企劃、文案、攝影、剪輯等專業工作者。

　　對我們來說，創意是一件需要投入情感的工作，沒有情緒、沒有生活體驗上的感觸，很難創造出優秀的作品。

　　因為這種長久以來的工作習慣，在每一個專案的工作上，都會要求自己做到盡可能的完美，也是對於自己在工作熱情上的一種交代，自我實現的一種方式。

也因為這種性格的特質，過程中很容易產生過度堅持的溝通模式，導致最後的作品雖然獲得各方的滿意，但卻容易與業主、主管產生不愉快的溝通過程，因此產生拖稿或沒辦法在預計時間內完成全部的專案內容。

當時的我並不太懂，溝通的過程為什麼總是這麼艱難，甚至氣氛往往都不愉快，明明結果都是好的，業主也很滿意，那為什麼不聽當初我的提議，這樣不是很快就完成了嗎？所有的主管都是蠢蛋、找麻煩，而我繼續抱持著自負的心態，持續我的創作。

有一天，我收到人資的升遷公告，晉升為部門主管，需要帶領其他三位年輕的設計同仁。在一般的中小企業中，設計部門可以達到四位的規模，已經是不算小的組織結構，而整個行銷企劃部也高達約十位同仁，足以顯示公司對於市場行銷與銷售的重視程度。

原本以為晉升為部門主管之後，我就可以排除當初那些溝通困難、不愉快的過程，用我個人非常專業的實力，肯定可以去說服所有人的看法跟觀點。結果，我錯了，從那一天起，每一天都過著比過去更痛苦的日子。

這些日子我不僅要承受其他三位設計的「堅持完美」，還有上層主管的「時間壓力」，其他部門的「溝通協調」，例如：財務單位對設計成本的管控，印刷品質的監督，實體製作物的庫存管控、業務部門所需求的文宣時程，當然還有客戶、業主對於作品的各種要求，種種壓力，我早把當初所

有的堅持拋在腦後，只想盡快解決每一件事情，讓每一項專案能夠順利完成。

這時候的我才明白，**完美，固然是好事，但要讓事情在預定的時間表順利完成，才是最重要的成果，再完美的作品，在不對的時間推出，始終是一個未完成的專案，因為市場永遠不會等你。**這一課，用力的將我過去的職場認知狠狠擊碎。原來，完成，大過於任何一個形式的完美。

完成一項工作，不僅只有專業的項目

溝通能力、營運績效、資源整合等各種項目，都是評估完成力的一種。雖然有些人會將專業能力作為工作能力的唯一標準，但高度的專業技術往往只能領導單一部門的執行內容，通常也屬於基層主管的職務居多，要跨足其他部門與專業整合，會需要具備其他的管理能力，這些領袖所該具備的技能，都可以統稱為「完成力」。

完成力，其實不專屬於主管的必要條件，身為基層的我們也可以為自己提早學習，而企業也會將這種能力視為培養人才的關鍵，簡單舉例行政職務內容來說：

行政人員在接待客戶來訪這件事，通常一般的標準作業程序，會確認到訪時間、人數、預計拜訪時間、預計商討內容，將資訊正確回報給相關單位，這樣來說行政人員已經完

成了這件工作。

但完成力高的同仁會自主衍生出其他不同的工作內容，確認拜訪期間是否需要用餐、餐廳的選擇，或是移動的交通工具，公司是否需要協助派員接洽，更進一步確認是否有住宿需求、協助安排飯店，這些看似與工作內容並無直接相關的細節，卻可能是影響合作的結果重要因素。人是情感動物，心情舒服了，任何可能性都會發生，也讓合作對象感受到企業的嚴謹與細膩度，會更放心雙方未來的關係發展。「完成力」存在於每一個事件當中。

但工作環境中，有些職務內容沒有辦法這麼輕易的完成，績效不是 0 與 100 的呈現結果，而是在過程中不斷的修改調整，只能盡力完成、無法完美。將複雜的過程與資訊，在一堆亂數的變數中轉化為突破點，讓事情能繼續往下進行，因為一旦停擺，往往就可能會大幅提高失敗的機率。

堅持，可以是武器，也可以是阻礙

有些時候，堅持，會讓自己獲得提升、獲得成功，但也有可能因為職位的不同，或是產業型態的不同，造成不一樣的結果。當自己碰上了難題，可以試著提升自己的視野廣度，多方去思考，有沒有折衷的處理方式，會讓結果變得更好一點，就算會讓自己麻煩一點，或是不一定都能順自己的

心意，但能讓大局圓滿的完成，才是最重要的成果。

完成，不代表完美，可能只有 60 分，但最起碼完成了。

完美，雖然每個階段都能超越預設值，但如果最終未能完成，或是未能在時效內達標，結果就是 0 分，無論過程中有多麼精準、完善，都沒有意義。

思考的時間，大過於執行的時間

完成工作的能力，其實通常都是想像而來的，在腦中形成的，它並沒有具體的形式與觀念。只要是經過思緒的評估後，在腦袋中建構出認為可以執行的模式，就去執行驗證這些想法的可能性，只要可以改善生活體驗、提升工作品質與成效，都是一種完成力的提升。這也許就是我們常常看見高階主管，不是在辦公室沉思，就是一個人默默在角落發呆的緣故吧。當然，也有可能是在投資市場賠了很多錢，在角落默默療傷。

當職場經歷持續累積、視野高度也漸漸足夠了，整合能力、完成力自然會達到一定的水準高度，在這之前，我們需要具備的，往往只是多一點的換位思考、多一點細膩的心思，評估整體的專案效益，或許就可以達到超乎預期的成果。

「堅持完美」，或許可以調整為「堅持品質」，讓每一項專案，每一個業主、負責人感到滿意，就是最好的完美。

如何讓你的職場經歷更有價值

　　履歷，是介紹自己的基本模式，卻也是最容易被人資略過內容的東西。

　　投履歷這件事很奇妙，這是我們找工作唯一可以做的事，但人資卻用短短幾十秒就決定了是否刪除，別懷疑，連「一分鐘」都不到，尤其瑣碎的事寫得越多，汰除得越快。

　　大多數人認為，資料寫得越詳細、越完整，就會得到更多眼球的時間，但在我的經驗來看，通常頂多一張 A4 之後，就不太看了。專業證照、專業領域、專業技能……僅需一行即可交代完畢，人資要看的，是你具備了哪些職場的價值。

戰役內容勝過公司名稱與職位

履歷製作的面向分為兩種，一種是求職專用的編寫模式，另一種是尋求合作的經歷傳達模式。第一種目的在求職的履歷，大多數人會把做過哪些產業、專長哪些工具放在主要的重點，這很重要沒錯，但不應該是重點。

主官在選擇人才時，會著重在過往的經歷有沒有特殊的亮點。

舉例來說，如果你是行銷企劃領域的求職者，把過去曾經最具有聲量的專案名稱條列出來，或是與品牌代言人合作的經驗，參與過棚拍、形象影片企劃、產品上市發表會等。列舉出大多數人都能知曉的市場案例，曾經在電視、網路媒體等公開發表的作品，這些反而才是企業體系希望看到的經驗值。

過程中，若可以展示與線上藝人、知名 KOL、部落客等合作的範例，能夠實際的列出各種自媒體、帶流量、帶銷售的績效與執行素材紀錄，基本上會立刻吸引主管的興趣，甚至可能當下就獲得錄取的資格。

因為這些實戰的內容，不一定每間公司都有相關的經驗值，而你所擁有的經驗與市場資源，可能就是他們所欠缺的內容。

一般人覺得，這些看起來只是專案執行的過程而已，並沒有什麼可以特別強調的。

但在企業主跟面試主官的觀察中，這些資訊代表的是，你擁有行銷領域的專業，除了企劃案的創造，還能經營自媒體、更能跨越品牌公關的領域去洽談業配合作的可能性，帶來的不只一個人的價值，而是一個團隊的價值，能替企業未來帶來更大的發展空間。而且，能夠詳細闡述過程，代表真實性非常高。

換個職務內容來解釋，產品開發人員懂市場銷售是基本條件，若能懂原物料、更能懂海關關務，那就是市面上的稀有人才，只要能夠完整轉述表達過去的工作實戰內容，證實你的能力，拿到錄取機會都是易如反掌的事。

第二種尋求合作機會的履歷，比較屬於接案的工作屬性需要必備的資訊，或是未來打算朝個人品牌經營的基本條件，而許多較知名的企業經理人也都會有相似的抬頭履歷。

比如說 XXX 創辦人、XXX 企業專業講師、XXX 年度銷售冠軍等職務抬頭，這些內容是為了在第一時間就取得他人的眼光，不需要花費太多時間就能有大概的認知輪廓。

但大多數人可能沒有這樣顯赫的戰功或歷練，無法列出這些內容，就可以轉為專業領域的績效展現。

例如曾經在 XX 週刊、各大線上媒體曝光數十篇專欄文章；曾經為某知名企業編寫過內部程式或 APP 銷售系統等；曾經與一線品牌做過聯名合作，且具有公開紀錄；或是曾開發出市場熱銷的產品線，以及造成搶購的銷售企劃案等等內容。

這些都是可以在很短的文字內去介紹自己、強調自己的專長領域，讓第一次接觸你的人立刻定位你的專業形象，成為想要與你洽談合作的重要關鍵連結。

因此，經驗值才是最重要的重點，企業名稱與職位只能證明你曾經待過這家公司，並不能替自己驗證任何的事蹟，實戰的能力才是具有價值的產物。

可以將故事說得精采，但切勿過度浮誇

職場的工作年限如此長，要列出幾項說得出的內容基本上不算太難，只要掌握觀看者想要的重點，在履歷的呈現上都會有很好的效果，面談主官一旦對你這個人產生興趣，待遇的談判上面也會來得更有彈性，可以為自己爭取到最好的工作內容與福利。

當然，前提是這些必須是真實的內容，千萬不可以造假或太過誇張，騙了一間，很快的就會有第二間、第三間知道你的事蹟。職場很小，不要鐵齒。

職涯的每個階段都會有特別重要的事件，也許是完成某項成就獲得公司升遷，也可能是經歷過職場低潮，反而成功創業的過程，這些事件的背後都會有不同的故事。

如何將這些歷程背後的故事轉述出來，變成你的個人履歷，不讓履歷只是一般制式的流水帳，要讓那些不認識你的

人對你感到好奇，對你感受到有不一樣的可能性，對於往後
的求職、個人品牌的建立才會有更專業的形象。

工作的過程與內容，盡量讓績效可以被公開、被記錄，
若是能在主流媒體或是線上媒體曝光，就會成為幫你背書最
好的履歷證明。

**讓其他人來幫你呈現作品，比自己說自己好，來得更有
信服力。**

11

養成處理危機的能力

　　在現實的職場環境裡，每個企業都有自身的特質跟做事準則，當我們每次轉換，都必須要去符合體制內的期待，就算求職的是相同的職稱與近似的職務內容，都會有天差地遠的做事流程，能碰、跟不能踩的紅線，也不一定相同。

　　也因為企業文化的因素，導致大多數人都慣性在規範內做事，只要出了這個框框、發生突發事件，往往一概不知、更不知所措，錯過了最好的停損時機，也錯過了彌補過失、轉化危機的機會。

　　想要在這個現實的體制爬升，就必須培養危機處理的特質，而處理危機這種能力，基本上只在中高階主管的身上才看得到，越基層的職缺，越少發現這樣的特質，導致能夠面對狀況處理的能力相對薄弱。

　　我們可以從最小的工作專案開始嘗試，去建立遇到市場

危機的時候，可以採取哪些正確的應對措施，慢慢培養自己對於狀況的應變能力。

一般職務上，最常見的危機狀況：

* 銷售業績未達預期，該怎麼辦？
  要提早暫停促銷活動，還是加碼銷售力道，拿毛利換業績。
* 原物料短缺，產品無法在預定的排程內上市
  是否有建立備案的廠商資源，能夠將量產風險降低。
* 品質不穩定，產生客訴危機，引發退貨連鎖反應
  能否立刻提供合格的產品檢驗證明，或具合格的製造工廠證書，以及安撫消費者情緒，提供補償相關措施等。

主管位階，較常會遇到的市場危機：

* 對手將未來的銷售重點，瞄準公司的主要競品
  如何穩固市占率不被侵蝕，該如何加強產品線的差異化特質，或是再開發新的明星產品線，開拓營收來源。
* 產業結構改變，新型態的銷售模式無法跟上轉型
  有沒有能力在短時間內建構團隊，跟上主流的銷售模組，是企業轉型的重要契機。

- **人才招聘困難，無法將一流人才留在團隊內**
  如何降低人事流動率，改善組織的企業文化與做事風格，讓人才願意為團隊貢獻。

這些答案，全部沒有標準答案，也沒有可參考的作業程序可以調整修正，只能依賴過去的職場經驗，以及現有的資源去做最好的判斷，經歷過越多的磨練，自然也就能夠處之泰然的應對，這也是為什麼大多數只有中高階主管具有這樣的技能。

當然，我們也可以在每一項專案的背後做好備案，但這個努力的成果，大多數的時間都用不上，有時候更會顯得白費力氣。所以有些人一開始會做預防措施，時間久了，會因為都沒有使用到，就開始忽略了這件事，但只要一次，就足以讓整個工作項目翻船，也會抵消自己過去所有的努力。

相信自己，養成這個習慣，會成為你躍升管理階級最重要的條件，只需要一次機會，在眾人都來不及反應的意外狀況前，你就已經做好對應措施，就足夠展現你的管理能力。

有些能力，是與生俱來的特質；而有些能力，是不斷建立良好習慣，所產生的價值。

我們被體制訓練成為什麼都要會、什麼都要懂，什麼樣的職位，就該具備什麼樣的專業與人格特質，這是職場環境帶給我們的既有觀念，卻忘了最重要的危機應變能力，這才是在困境中可以突破問題的關鍵。

面對危機的檢驗方法與步驟

危機發生時，考驗的是對事件的判斷能力，以及企業資源整合的能力，最後是將危機轉化為突破點，改變整個事件導向，讓瀕死的專案、合作案能夠起死回生，最起碼達到能夠持續進行的條件為準。

- 第一件事，**確認問題的來源**，是內部團隊的疏失，還是產業內所衍生的常見問題，或是執行過程的錯誤造成的損失。確認方向，才能準備適當的工具去彌補過失。
- 第二件事，**評估影響的層級範圍**，僅僅只是影響內部作業程序，或是會直接影響客戶權益，甚至減少訂單的產生，交期延後等等的罰款問題。評估損失範圍，確立可承受的損失程度。
- 第三件事，**轉移危機、降低損失**，尋找任何可執行的備案方式，找到效益最好的工具與執行方法，但執行成本就不再是第一個考量的重點，只要能控制現有的狀態，就是最好的方式。停止擴大損失。
- 最後一步，**坦承錯誤、提出改善方案及應對模式**，將危機嘗試轉化為另一個市場機會，利用聲量去創造更多觸及，勇於認錯的團隊，市場永遠會給予下一次的機會。

危機並不是百分之百的壞事，有時候反而還會創造市場的流量。面對已然發生的狀況，除了恐慌的情緒之外，可更進一步的思考如何從中獲得其他轉機，讓你有機會回收部分的損失，並且開始修補之前的錯誤。

管理是多面向的結果論，有好也會有壞，在結果出來之前，很難斷論對與錯，不斷的修正調整，比較符合現實的狀況，只有更好、沒有最好。

加入關鍵的第二層思考

每一次專案的完成、每一個工作的結束，都可以試想一下，如果不如預期順利該怎麼辦？ 如果過程中哪些流程卡關了，有什麼備案可以替代？

把這個第二層思考的思維加入工作的標準程序，讓自己習慣這樣的工作模式，你會發現，未來不管多麻煩的案子，你都能夠沉穩的應對。

當所有的成果，都在你的預期範圍之內完成，你會覺得，似乎自己也蠻屬害的，這樣的成就感會讓你保有自信，而自信也是職場上必要的條件。你的合作夥伴，也會因此喜歡這樣可靠的你。

第 2 章

將專業能力，
轉化成個人品牌

12

如何把個人專業能力
重新輸出

　　許多人對於把能力轉為形象這件事想得太複雜，好像一定要有非常顯赫的身分，才可以做成這件事。其實，只要把自己原本的工作內容，轉換成其他人願意閱讀、能夠學習的模式，就是一種專業形象的建立。

　　一個有效輸出的作品，要讓閱讀者有所收穫，覺得有經濟效益才會有衍生的價值，而且必須讓外行人都看得懂才是合格的資訊，因為會來看你的，都是想透過你去熟悉相關的產業內容，90％以上都是初學者，過多的專業術語跟簡短用詞，會讓其他人閱讀起來非常辛苦。我相信你也看過一些看起來很厲害，但不知道內容想表達什麼的資訊，看完之後，然後勒？

　　最後，這樣的內容常常都會被我們忽略過去，看得太累，也是一種被拒絕的模式。

在專業轉換成學習模式時,可以將內容拆解開來,分析為什麼這麼做,原因是什麼,而你判斷的依據與執行的結果又是怎麼來的,這通常會是閱讀者想知道的內容,將你的邏輯複製給他人學習,學習者可以用你的流程去完成,才是具有價值的內容。

我的專業在品牌操作、電子商務販售等環境,產出的內容以我自己的案例來說,例如:

- 行銷企劃的架構,如何從頭寫起,關鍵點有哪些?
- 行銷的訴求與受眾,為什麼要這樣設定?
- 廣告投放的優化過程,該如何提高轉換率?
- 業配合作的轉單效益,評估的重點有哪些?
- 如何抓到類似的受眾,讓再行銷發揮轉單效益?
- 產品研發的主要因素與市場區隔,有哪些關鍵重點?
- 企業經營的年度 KPI,該如何設定,除了業績,還有哪些重點必須注意?
- 銷售平台的選擇,以及廣告預算的分配概念。
- 廣告文宣設計的受眾設定方式。

這些內容都能成為每一篇故事的起點,經營品牌有太多內容可以分享,可以學習,不只我的讀者在學習,我自己也正在透過這些文字,因為拼湊的過程,思考出更多的可能性。

當持續有內容產出之後,就會有讀者開始回饋問題,更

能延伸許多你沒想過的可能性，而這些就成為與讀者一同成長的歷程。這些經歷雖然不會帶來直接的收入，但卻是建立個人形象最美好的階段，雖然辛苦，但可以透過文字，釐清自己在工作上的疑慮，甚至搞懂許多不曾想過的問題，寫作與思考，是兩者相輔相成的一件事。

以轉換專業的領域來說，如果你是研發人員，你可以針對原物料、法規、市場趨勢話題性等內容去作為經營的主軸。如果你是 IT 人員，專業的語法、複雜的程式軟體，以及 APP 相關的架設技巧都是切入的元素。或者你是財務、稅務人員，教教大家如何多省點稅，善用合法的方式去達到節流的效果，再將這些預算，去過更好的生活體驗，這些都是受眾想看的內容。

如果你是藍領工作者，那更是好切入的一項主題，現在的 YouTube 上已經有各式各樣的專業技法分享，你也可以用你的方式去提供技術。任何產業都會有人做，我們都不會是第一個，更不會是最後一個，所以不要怕產業內的競爭，這個時代的環境就是如此，做出個人特色即可。

不要覺得自己的工作很枯燥，不會有人想了解，低專業的工作內容，也可以成為重要的經驗傳承。 哪怕你覺得自己看起來沒有這麼厲害，只是一個平凡的白領工作者，都可以將每一項工作的事件記錄下來，把每一個關鍵的經驗寫成故事，可以讓未來想要踏進這個領域的新手們獲得知識，那這就是一個有價值的產出。

　　選定你想要經營的自媒體平台，將內容過程與判斷因素呈現出來，不論是文字或是 Podcast 的音頻、YouTube 的 Vlog 分享，都是線上主流的媒介，實際的案例通常是讀者最喜歡的內容，也是他們最需要的經驗法則。

　　如果還是不知道該怎麼做，你可以將過程的草稿、模擬稿，甚至未完成作品公開，如何從 0 到完成的過程，這些都是很有溫度的內容，通常也會獲得大多數人的關注。

　　越平凡的日常，反而會顯得更有信服力，這是一個在過度行銷的時代，發展出來的產物，越少的包裝、越少的特效素材，越親近日常的方式，越能得到消費者的信任。

選擇你的觀眾客群

　　經營內容、建立個人形象，除了累積作品最基本的需求，最終的目的就是要在自媒體創造流量，因為流量有可能帶來更多的合作機會，創造額外的業外收入，與跨產業的作品累積。因此，選擇與設定觀看的客群與平台，就變成最重要的評估重點。

　　每一個自媒體平台都有自己的特質跟屬性，不是每一個人都會在所有的平台上流動，就像你我一樣，有自己習慣使用的自媒體，而這個選擇上除了生活的習性，跟工作產業的內容也會有關聯，區分清楚各種自媒體的特質，再從這些平台上找到跟自己比較類似的受眾，擴散效應也會比較好。

　　現在的主流自媒體很多，各自有粉絲管理的工具特性，而使用者也仍有自己喜好的操作方式。選擇之前，先評估一下媒體內容的屬性，跟自己產出的資訊是不是比較相近，確

定平台之後，再評估自己所需要的工具。

　　經營平台不是一件輕鬆的事情，更不可能全平台都想要曝光上線，尤其當初期只有自己一個人的時候，能做好一個自媒體，就已經是很厲害的事情。等一切穩定、有營利之後，再評估擴編團隊，或是外發專案，提升平台的數量跟品質。在這之前，先大致上了解一下各個平台的用戶特徵，會有哪些習慣的使用方式。

FB：電商廣告投放的一級戰區

　　年齡層 35 歲以上，資訊搜尋能力高、閱讀能力高、消費能力也相對來的好，適合較大量文字來傳遞訊息內容，使用者年齡為含金量最高的直接受眾，也是目前電子商務主要的廣告投放一級戰區。

　　只要目標受眾族群高於 30 歲以上的產業，都適合在 FB 經營陌生流量與客群維護，以廣告投放轉單率來說，目前也相對比其他平台來的好。

IG：以 12 ～ 34 歲的年輕世代為主

　　受眾族群年齡層較低，以圖片及影音傳達為主要訴求，

著重視覺感、不適合大量的文字發布，用戶年齡層以 12 ～
34 歲的年輕世代為主。

客群含金量相較於 FB 稍偏低，其優勢在於喜好分享、
標記來產生互動話題性，創造短期流量。好友連結度高、渲
染力高。

適合潮流、服飾、餐飲、旅遊、個人品牌等相關的時事
話題，提升流量討論度，創造 Hashtags、reels 導引線上標
記，達到串連的效果，提高觸及率。

YouTube：主流影音自媒體

使用族群涵蓋全年齡範圍，也是目前線上唯一的主流影
音自媒體。

最大優勢為 Google 的使用者用戶，與 Google Ads、聯
播廣告成為涵蓋率最廣的投放模式。無所不在的再行銷，不
論你使用哪種媒體瀏覽，都能跟著你的點擊內容持續的追蹤
使用足跡，讓廣告效益能夠延續。

而 Google 的關鍵字廣告，更是 SEO 的串流關鍵，自營
網站必須透過關鍵字，找到經過優化的文字內容，透過排序
選出最適合使用者的推薦網站。經營影音媒體，並非就可以
完全放棄文案，影片主題的命名，也直接影響了 SEO 的搜
尋成果。

Podcast：聽眾大多較年輕、學歷高、收入高

Podcast 的聽眾大多是較年輕、學歷高、收入高的一群。近 95％聽眾擁有大學以上學歷，25％以上具有研究所以上之學歷；平均收入達五萬以上的高含金量族群占近 25％。每次收聽時間，以 31 ～ 60 分為大宗，適合具有探討話題性的主題經營。

使用者多是利用零碎的時間，在運動、上下班途中等學習新知識或新資訊，因此高質量的內容也能獲得聽眾的青睞。

長期收聽節目的粉絲，對 Podcast 的創作者具有高度信任，而且現階段中文 Podcast 大多不以營利為目的，反而希望透過節目增加品牌認知度或忠誠度，經營粉絲才是最大的目的，再藉此轉換成訂閱或其他購買行動。

LINE 官方帳號：適合會員經營、再行銷

LINE 是品牌經營最重要的溝通管道之一，可降低大量的廣告預算，提高再回購的機率，解決退貨、客戶等訂單問題。適合會員經營、再行銷的相關後續服務。

現在許多個人品牌，仍透過 LINE 建立團購群組，作為主要的收單平台，不再使用傳統的網站，去經營客戶管理系統，尤其現在便利商店的交貨與取貨都太過方便，跳過網站

的管理，也可省下網站的經營成本。

這樣的模式，降低經營電商銷售的門檻，因此許多 KOC 的帶貨模式，營收的績效完全不輸給知名的 KOL 與網紅，只要內容做得好，紅不紅，似乎就不是營收最主要的關鍵。

看完各家主流自媒體的特性，你也可以開始評估你未來的主要受眾目標，大概會是哪一種生活模式的族群，透過他們的習性，再去選擇主要的經營策略，並非是自己想做哪一個、就做那一種，找到相似的觀眾，會減少許多挫敗的心理感受。

每個人都有偏好的平台，也因為這些細微的習慣差異，就會影響流量的問題，這些細節雖然不一定會直接改變成效，但起碼找到正確的受眾習性，持續的優化內容、提升品質，就有數據可以做為判斷基礎。

所有的自媒體行為，都是為了經營而存在。

累積聲量與曝光度，各大平台都是你的踏板

　　現在做自媒體沒有任何的門檻，只要有心就可以做任何事，但要如何判斷一個自媒體頻道是否具有公信力，或是資訊內容具有一定水準，如果本身沒有相對的專業能力，通常很難判斷，也很容易吸收到不需要的內容。

　　當你有這樣的問題產生，其他的讀者與使用者也會有相同的狀況，不知道該如何選擇對自己有幫助的內容，或是懷疑內容的可信度，這時候如果有累積公眾平台的曝光資訊，就可以成為最有力的背書證明。

　　以我自己為例，過去有一、兩年的時間，將許多文章的撰寫重心放在公開平台，例如：行銷人、104 職場力、518 職場熊報等平台，用投稿的方式去與編輯建立信任度，長久下來，甚至編輯會直接告知讀者希望觀看的內容，就可以直接撰寫相關的主題，獲得迴響的機率就會提高許多。

透過這些具有公信力的媒體，讓自己的能力被具有專業的領域認同，如此一來，就不必再多花時間去證明自己的能力。當讀者能夠在這些媒體上看見你的作品，一方面提高了信任度，另一方面也因為編輯的企劃，讀者可以直接找到自己所需要的內容。

編輯在選文的角度上，都有特定的受眾目標，以及明確的專題導向，會依照規劃的方向進行。尤其專題的製作上會有前後呼應的邏輯，不管在時事或內容分類上，才能放到較準確的位置，反過來說，我們在搜尋資訊時，也是用這樣的方式在找尋自己所需要的內容，所以在呈現作品時，也必須依照相同的邏輯去進行，只是前後的順序不同而已。

文章撰寫的角度，必須符合業主需求

寫文章這件事很奇妙，好的文章，就算能得到共鳴、獲得編輯認同，也不一定能上刊，傳統八股的雞湯文，就算沒有太出眾的突破點，反倒也有機會獲得採用。

會產生類似的問題，並不是誰出了問題，或是產生針對性，而是整個產業跟環境的現實面。這些具有公信力的平台，很大一部分的讀者身分是高階主管、老闆，而這些消費主力大多喜歡正面、鼓舞士氣的文字，若出現太多員工心態的文字，或是太血淋淋的現實面，輕則退追、降觸及，重則

退訂閱、取消實體雜誌的購買，這樣的壓力，任何編輯跟銷售端都扛不起這個責任。

所以，若想提高文章選用的機率，正面的成功法則，以及具有工具能力的內容，會是比較好的選擇。

至於那些現實的職場面，確實能引起更大的共鳴與反饋，抱怨跟狗屁倒灶的鳥事，才是工作上最能獲得同溫層的認同，這個論點不管在哪個時候，永遠通用。抱怨雖能獲得短暫的舒壓，但對於長遠的職涯，助益不大，還是適當即可。

保持平常心，做好自己該做的內容

在投稿的路上，大多數都是失落的時刻居多，畢竟我們並沒有名氣與網路聲量，要獲得青睞就只能靠扎實的內容，點出特殊的觀點、不一樣的生活體驗，才有機會獲得編輯的眼緣。

而我在投稿的過程中，並非一路順遂，也有大量被拒絕的經驗，商業週刊、經理人等平台也常未獲得青睞，可能剛好投稿的篇章內容品質不佳，也或許是主題不符合當下的需求，反正就是直接石沉大海，沒有任何回音，但這些都是很正常的情況，別把得失心看的太重，更不要因此失去創作的熱情。相信自己，才有機會，放棄了，就沒有任何可能。

該怎麼寫，讓文章提高曝光的機率

　　如果你也想往這條路上走，想要讓你的作品更有機會按照你的計畫曝光，在內容的搜尋上，最重要的邏輯必須跟著生活中的氛圍走，大多數人最近會在意的焦點會是哪些，以及生活中近期最重要的小事又是什麼？

　　例如，在年底年終前，績效、KPI、換工作、升遷等議題的搜尋量就會提高，往這方面的內容去設計一系列的企劃，就容易被各大編輯看見。或者可以在百貨週年慶檔期前，詳細分析現有信用卡的回饋與福利，把最精明的方式提供給讀者。也可以在報稅季節前，提供聰明避稅的方法，標準額跟列舉又可以如何應用。當然，每年都一樣好用的畢業季，新鮮人總是有滿滿的焦慮感，提供實際的方法就能安定年輕人的自信心。

　　這些生活上的各種細節，都可以拿來做為內容的主題方向，市場上永遠都會有需求，只要能提供不一樣的觀點，都能成為曝光的機會。

　　至於該在什麼時間點完稿，建議在檔期開始前的四週左右完成，直接投稿到相關的媒體平台，也可以將內容放在自媒體平台建立 SEO 的資源，在還沒有流量前，必須要主動一點將作品送出去，機會相對會來的比較高一些。

　　記得，作品出去的時間很重要，如果多於四個星期，有可能離檔期還太遠，就容易被遺忘，若低於兩個星期，各大

平台可能都已經有初步的規劃，甚至文章排程都已經確定，要插件也不是一件容易的事情，時間點上要多留意，畢竟編輯們的習性也都不同，多嘗試幾次就會抓到其中的眉角。

要累積公開平台的作品，就要順著市場的毛去創作。

做得越久，
滾雪球效應就會越大

　　累積作品，不一定只有撰文的方式可以進行，自媒體的流量、影音媒體的觀看數量、接案的實際紀錄、甚至出版創作都是不一樣的面向，要看自己擅長的領域是什麼，可以是影音，也可以是圖片式的記載，最重要的是讓你的熱情可以堅持下去，因為，要經營自己是一條長遠的路，沒有熱情，就很難做出成果。

　　經營自己，能做的事情這麼多，而且一個人的時間非常有限，尤其還有正職的工作占據了大部分的心力，無法全面都兼顧，除了要選擇重心，更要分配時間去安排，而最重要的判斷依據，就是延續性。

　　因為做了一件事，可以讓後續產生效益，獲得更多的機會，那就值得去努力，反之，如果工作結束了就沒下文，這樣的內容反而可以少做點。

　　以我近期的狀況來舉例，文章、設計、品牌顧問、出版、自媒體，以上五種工作內容，占據了最多的時間，而評估的標準是，延續性＋收入的考量，這個標準也是調整比例的重點。

　　我如何判斷這五項工作的優先順序，以及工作量的比重，用以下的評估重點供參考：

文章：知識流量

　　屬於知識流量，會長期曝光在網路媒體，算是高延續性的工作，未來任何人都可以透過網路搜尋認識自己，獲得合作的機會。但因為文字內容不會帶來任何的收入，雖然需要定期產出，但也不能將全部心力放在同一個籃子裡，收入才是支持生活最重要的元素。

設計案：單次流量

　　屬於單次流量，案子結束之後，雖然可以累積作品量，基本上並沒有延續性。但因為設計案件屬於商業行為，會有固定的收入，能夠維持穩定的現金流量，是初期必須長期經營的主要工作項目。

品牌顧問：擴展自己的產業視野

　　對外的合作通常都有一定的時間性，雖然有收入來源，但不太容易產生實際的作品，延續性也相較來的低，所以這

個屬性的工作，我個人會評估產業來決定合作與否。

收入與延續性反而不會是主要的評估因素，而是以可以接觸不熟悉的產業，了解更多的市場商業結構，才是評估的重點，這個選擇可以持續擴展自己的產業視野跟專業實力的提升。

出版：創造市場價值跟認同的橋梁

屬於高延續性的內容，不僅只是書籍的出版，線上課程的創作也是出版的一種形式，只要能產出有價值的商品，可以到商業市場上做轉換變現，就是最主要的經營重心。

出版可以快速累積作品，更是快速創造市場價值跟認同的橋梁，但前提是，作品的水準跟專業，必須有一定的水準跟成效，否則也很難獲得廠商的青睞。畢竟每一個合作都需要資金去支撐，如果沒有獲利的可能，很難獲得資源去實現，當然自費出版也是一種形式。

自媒體：所有內容的橋梁跟開關

撇除 YouTube 的營利分潤來說，其他的自媒體都沒有營收的來源，能做的只有廠商業配，但在自媒體要跟廠商合作，除非知名度非常高，否則這個可能微乎其微。而且，自媒體的貼文沒有 SEO 的價值，所有自媒體的內容都無法在 Google 資料庫內被搜尋到，做的任何事情都是一次性的價值，不會有延續性，只能透過粉絲專頁，一篇一篇去滑。

　　既然自媒體沒有延續性、也沒有收入的可能，那是不是就可以直接放棄？

　　答案是不行。因為現行的主流廣告投放模式，自媒體占了絕大多數的重心，曝光跟轉換都必須透過自媒體，簡單來說，我們所創造的內容，在官方網站所寫的文章，都必須透過自媒體來導流量，才有機會延伸點閱跟購買行為，所以，自媒體可以說是所有內容的橋梁跟開關。

　　綜合這五個項目來說，基本上沒有一項可以完全的放棄，但可以依照自己目前的狀態去做取捨，每個時段都有所需要的資源，不用全部同時進行。

　　評估現狀，若目前屬於初期經營的階段，那就需要靠接案來提高或穩定收入的來源，再將次要的重心放在文章及作品上的累積，持續把作品放到網路上供使用者瀏覽，不僅可以慢慢地堆積內容，未來在提案上也會越來越有說服力，價碼也會越來越好，因為你的作品在公開媒體上都找得到，禁得起檢驗。

　　若是已經累積相當的文字資料與作品，就可以評估出版或是創作，把作品產出成為商業轉換的商品，只要有獲利的機會，就會有廠商有興趣。當然也可以尋找異業合作的機會，交流雙方的讀者與粉絲，都有機會提升銷售的數字。

　　時間會讓這些作品為你帶來合作的延續性與收入，這些商品都是一次性完成的工作，但可以為你持續性的帶來被動

式收入，是最好的商業模式。接案、品牌顧問這種一次性的工作，就可以慢慢減少，甚至降到零為止。

而自媒體的部分，不管在哪個時期，都需要長期的經營，初期累積資訊、後期作為廣告投放的導流，這些都是必要經營的內容，所以學習廣告操作，會是做個人形象與個人品牌很重要的部分。

累積作品，目的都是為了流量

流量，一直是所有經營品牌、經營個人形象的最後一哩路，沒有流量、就沒有點閱觸及，但流量也不等同會有相對的收益，比較像是開啟連結的一個中繼點。

現在的流量屬性區分很細膩，傳統自媒體、影音自媒體、播客都有特定的族群，分散在各種不同的場域，雖然現在流量已不如過去以往的紅利時代，但仍掌控主流的購物消費模式，個人品牌與廠商還是必須透過這些平台去接觸使用者。

打造內容流量的時候，先了解你的潛在客戶屬性、喜好方式及慣用的媒體平台，仔細評估這些使用者的特質，跟你的專業屬性是否有雷同之處，避免偏離正確的受眾。

選擇品牌社群平台，建立 SEO 資源

SEO 是什麼？

SEO 是搜尋引擎最佳化的簡稱，透過了解搜尋引擎的演算邏輯規則，把網站的內容優化到容易被系統顯示在最前面的排名。

一般來說，資料搜尋的結果，使用者通常頂多在前面兩頁瀏覽資料，如果排名在兩頁之後的順序，基本上就很難被使用者找到，也等同失去曝光的機會。

SEO 的目的又是什麼？

透過 SEO 的搜尋將使用者導入網站內，將品牌跟產品

最好的內容與成果，透過文字與圖片做成相似的使用體驗或是開箱體驗，用實際的使用過程，將體驗感轉移到觀賞者身上，創造潛在的消費者需求，達到最後讓使用者點閱、購買的目的。

這些是搜尋引擎最佳化的說明，也就是我們打開 Google 網頁後會做的行為，所有資料來源都是靠這裡來獲取，而且這個資源是免費的，做內容的我們就必須要比其他人更懂得使用這個模組，去讓使用者瀏覽我們所建立的資訊。

建立 SEO 必須要有特定網域，必須要有自己的網站，無法依附在自媒體的平台上。因為社群媒體建立的貼文資料，在 Google 上完全搜尋不到任何資訊，社群媒體大多是一次性的流量和廣告流量。

目前主流的自架網站平台有 Wix、WordPress、Weebly、Blogger、Wealthy Affiliate……當然還有其他類似的網站可以架設，選擇性上非常多，這些網站都是可以支援 SEO 的技術，讓網站的內容可以更容易被找到，獲得曝光的機會。

當然還有以電商為主要功能性的平台網站，例如：CYBERBIZ、meepShop、SHOPLINE、GOGOSHOP、91APP、EasyStore……這些網站都是以銷售為主軸的平台，但原則上 SEO 的支援效果會比網站類型稍弱一點，若不考慮銷售端，就可以完全跳過這一些平台的選擇。

建構自己的官方網站，也是需要一定的費用，包含網域、平台年費等，一年幾千到幾萬的級距都有，看自己的需

求到哪個階級，在網站的採購上都有明確的說明。

沒有專業、沒有預算建構網站

　　畢竟大多數人沒有架設網站的專業基礎，而且也不想花一年幾萬塊的預算，這時候可以選擇像是「方格子VOCUS」、「痞客邦 PIXNET」、「隨意窩 Xuite」這種免費的部落格平台。

　　這些平台在 SEO 的建立上也非常良好，也是許多文字創作者的主流平台，而「方格子 VOCUS」也是我自己最主要的累積創作管道。還記得先前的章節提到，沒有獲取刊登的文章，仍在《商業周刊》的平台上出現，就是透過「方格子直送：內容合作轉載計畫」。

　　這個企劃案是方格子與各大媒體平台的合作方案，各家的編輯可以到平台上去找尋適合的文字內容，授權將內容轉貼到自家的媒體平台，只要方格子的作者在自己的設定上，同意這個合作案的選項，就等同與各大平台簽訂轉載合作，只要編輯覺得符合當下的需求，就可以將你的文字作品轉貼，創造更大的流量。投稿未被青睞沒關係，而這個就是轉彎的方法，讓自己獲得更大的曝光度。

　　「痞客邦 PIXNET」與「隨意窩 Xuite」等類似的平台，我個人把這些定位在開箱、業配合作的平台，如果你也

是重度的搜尋使用者，你會發現許多部落客，都用這些平台去建立產品資訊跟推薦文章。

而這類的平台在圖片上的規劃相對來的友善，呈現的方式也比較多元，更適合表達產品的特質與效果。若有品牌的合作企劃，這些都是很好用的資源，純文字資料就推薦到方格子去創作，平台的屬性各自有不同的習性。

總結來說，經營社群媒體與部落格平台，先評估你所產出的內容屬性，跟你想要的最後目的性是什麼，善用這些平台的強項，運用這些特質讓它們成為你的推手，替你在網路上建立資源，讓不認識你的人，可以先認識你的作品，累積你的個人專業形象，就能達到初期溝通的目標。

而且，當你有明確的經營模式，也更容易獲得廠商業配的機會，有了商業變現的機會，才有持續經營的動力，不論是誰，都需要市場的肯定。

最後，還是要再強調，在一個沒有門檻的自媒體時代，重要的是累積多少的作品，創造了多少可以信服於人的專業價值，讓其他人因為這些因素想與你合作，或是認同你的理念而購買商品。

流量每天都再變動，上去得快、下去得也很快，隨手發的生活短片也有機會創造商機，只有不斷的累積作品，讓作品來證明自己的專業能力，經營自媒體，最重要的還是必須回歸內容價值。

形象與能力必須同步成長

闖蕩江湖總是要有幾把刷子，擁有哪些核心的專業能力，自己都很清楚，雖然有時候迫不得已需要稍微吹噓一下，但總是不建議把話說得太滿。

在職場久了就會發現，業務端與執行端，是兩邊完全不同的工作型態。市場業務會盡量把案件說得厲害、唱得圓滿，而後勤執行總是保守內斂，深怕達不到上頭的要求而需要背鍋。

這不能說誰對誰錯，而是市場的需求造就了這樣的工作環境，轉換個角度來說，若是我們當業主，遇到一個提案上畏畏縮縮、沒有自信的業務人員，真的會連五分鐘都不想浪費。如若我們是主管、老闆，碰到一個老是吹噓能使命必達的同仁，但最後都只能完成八成的工作進度，時間久了，也會失去信心與信任，這就是職場環境的奇妙。

　　吹噓的能力要有，執行的能力也必須有，自己做不了，沒關係，找同事幫忙做、找廠商外包做。總之，說到哪裡、做到哪裡，這是職場的誠信。但人不是萬能的，不可能自己一個人完成所有的事，若認為自己無懈可擊，最後就會是一場災難的來臨。

　　我自己有一個習慣，在重要的專案規劃的時期，會嘗試尋找線上有操作相關專業的公司前來提案。提案的過程中，可以發現自己的優缺點，以及獲得提案公司的觀點，它們就像「局外人」，沒有任何預設立場，沒有其他干擾的因素，很客觀地以專案內容做討論，評估市場的可行性與專案成效。

　　我可以在這些提案中，發現公司的強項與弱點，該如何運用這些資源去互相補足缺口，在專案的規劃上盡可能的完善，找出最好與最適合的方式。

　　這些提案公司能在市場上生存，通常都有一定的實力，在各自的領域各有強項，尊重它們的提案，同時也提升自己的觀點，相互交流，若有關商業機密，就勢必要做到該有的保密條款，這是為商的基礎品格。

　　在多家廠商的提案之下，最終出來的企劃案通常很全面，專案預期的成效也會大幅提升，這時候必須判斷，內部資源與人力，是否可以完成專案預期的成果，如果不行，就必須考慮提案公司的外包執行，或者分階段完成，將企劃一分為二或三，階段性執行。

　　在評估的過程中，將專案預算做一個概括的數字，讓公

司內部正式執行專案時，各項數據都有明確的指標，讓所有的決策人員在應對進退上，都可以有據可循。

相信你在職場工作的經驗裡，都碰過一些數字與預算根本沒有來源依據的評估，完全依照個人經驗或喜好去訂定，最後實際的成果，都與當初的預期相差甚遠，甚至毫無參考價值。一旦這種情況發生的多了，會讓自己有一個不可靠的既定印象，絕對要避免這種的情況發生。

了解自己的專業程度，以及團隊的極限

除了外部資源跟團隊資源，也必須了解自己的專業領域水準，但如何量化成精確的數字去評估。

比如說，企劃文案一天之中可以產出多少文字、多少的企劃架構，設計工作一天的產能有多少高質感的文宣，業務一天當中能規劃多少家的高質量拜訪，這些量化的數字需要去做極限測試，簡單來說，必須操作才知道能做到多少，超過多少的數值，品質就一定會下滑，如何控制品質的水準，就必須先了解自己的程度跟能力，不要做超過自己能力太多以外的事情。

內部團隊執行能力的天花板，哪些能做到完美，哪些是無能為力的，基本上我們大概都有個底。

在規劃專案的時期，盡可能找出所有的方法，但進入執

行的步驟時，就必須選擇最適合的方案。而最完美的方案，有可能因為無法如期完成，最後反而會害了團隊落後績效。

每一項方案都有人力、預算、風險、損失控制等因素，尤其資本額的規模決定了操作的方式，中小企業無法像大型企業的操作，了解市場的時候，也必須了解自己。

優雅是一種能力，不是運氣

在職場上有一群人，績效很好、形象良好、效率又極佳，而且任何專案做起來似乎都沒有難度，雖然不乏外包廠商協助，但毫無疑問的，整體績效都是出自於自身的規劃與執行。

從容的態度，一切都來自於了解自身的能力範圍，以及團隊資源的極限值。在專案的結構與關鍵點上，尚未執行前，就已有整個規劃的藍圖，在各種關鍵的細節，取得不同的方法與備案，按照時程將內容持續往下進行，最後呈現出來的績效，往往都會達到預期目標，甚至超越。

他們不是先知，更不是超人，只是了解自己的極限，可以在有限的時間內安排作業流程，將工作天數妥善管理，將外部資源整合流暢。雖然完成的內容不一定是最完美的結果，但通常都是最適合、最符合現狀需求的方式。

我們都有過經驗，在執行專案時埋頭苦幹，遇到問題才

開始尋找解決的方案，隨著時間的壓力，找尋的答案品質越來越差，甚至有就好，最後呈現的作品就變得差強人意。

專業能力，是在忙碌的時候能夠保持著從容的態度，在遇到阻礙與困難時，仍能維持一般以上的水準。

將自己的專業領域、人脈圈不斷的擴大，這些資源的通路、窗口，就是平時累積出來的人脈。人脈不是隨意累積，而是有目標、有規劃性的延伸自己的專業領域，不斷的擴大專業圈。

也許你我都看過，許多說的比做的還精采的提案，但我始終相信人性本善，那些意外，只是沒有把資源準備好，導致最後不如預期的成果，並非惡意的浮誇。

當你擁有了以上的實力，在爾後遇到了不切實際的要求，甚至太過天馬行空的想法，我想你也會婉轉的拒絕，不會害自己陷入泥淖，導致最後無法收尾。專業形象與職場誠信，都是不斷累積起來的資產，兩者必須同步的成長，才會獲得尊重與信任。

個人形象與銷售一樣，都需要行銷的力量

　　長期累積了在工作上的成就，也透過平台完成 SEO 的搜尋資源，讓專業的延續性可以長期的發揮影響力，除非你打從一開始就決定要被動式的經營，完全不在意流量與業外的收入，否則我們都需要行銷的力量，讓更多的受眾使用者看見自己。

　　章節到目前的階段，都是屬於專業形象與個人品牌的基礎，要讓所有建立在網路上的個人素材可以產生效益，就必須透過自媒體的經營，去開啟串聯的開關。

　　自媒體是這個時代的行銷主流，不管是要經營企業品牌，還是要累積個人的專業形象，過去的「傳統行銷」已成為輔助的角色，「數位行銷」才是現在的主流模式。

哪些是「傳統行銷」？

電視台的廣告節目、路上的廣告看板，甚至手上收到的傳單，都屬於傳統行銷的範圍。

「數位行銷」指的是「網路行銷」，透過網路的行銷媒介都被稱作數位行銷。

數位行銷的種類非常多元，從經營網站優化 SEO、投放 Google 關鍵字搜尋廣告、YouTube、FB、IG 自媒體與網路直播平台，都是現在主流的傳播途徑。

而數位行銷透過各種線上資源素材的組成，去完成一連串的流量引導模式，讓與你有相同興趣的人可以看見自己，並讓這些行為被數據化，完成你所想要的生活體驗，也因為每個使用者的點擊喜好內容不同，所演算出來的推薦內容也會不同。

到目前為止，我們所累積的專業內容，都是屬於「內容行銷」的範疇。

「內容行銷」，指的是透過網路進行的內容創建，利用「有價值的內容」吸引潛在的使用者產生共鳴，並能進一步認識品牌商品、個人專業推廣等目的。

建立個人的專業形象基礎，文字產出通常會搭配 SEO 進行內容行銷，而網路行銷呈現都應該以「使用者體驗」為主，提供有價值的內容，才是最終說服受眾、取得認同的最有效的方式。

SEO 行銷，是數位行銷中比較難掌握的行銷工具，因為 SEO 無法短時間內得到成果，就算做了調整也無法馬上驗證，關鍵字也不一定可以馬上知道是哪一個動作造就了績效。

雖然這個工具有一定的困難度，但也是企業長期經營，或個人形象品牌最該投入的項目之一。因為了解 SEO 的行銷概念，可以增強網站的自然搜尋排名，並且免費獲得精準的流量來源，取得更多的曝光與合作、銷售的機會。

隨著越來越多的人習慣在 Google 引擎搜尋產品和服務，因此關鍵字的自然排名優化就變得非常重要，做的夠好，網站流量也會隨之增加，就能夠為品牌帶來更多銷售與合作的可能，因此 SEO 是長期經營，投資報酬率最好的方式之一。

沒人會先了解你，只會先透過網路定義你的價值

或許我們一開始的初衷，只是想讓工作的內容可以被記錄、可以持續累積，但當你走到這個階段後，你會發現努力過後，若只停留在這裡，真的有這麼一點可惜，似乎可以再多做一點什麼，好像就會有點不一樣的機會。

有些人選擇做網紅、耕耘自媒體，有部分人選擇留在原職場，持續累積作品與績效，用文字與出版去額外經營自己的斜槓專業。

每個人定義自己的方式不同，在創作的過程中，會因為過去累積的作品與資訊，在市場上會接收到各式各樣的合作機會，「實體講座」、「線上講座」、「線上直播」、「出版」、「專業授課」、「企業顧問」、「專案承接」……各種琳瑯滿目的產出方式，將來會逐步的定位自己未來的方向，你會因為這些過程而越來越了解自己的需求，收入也會因此逐步的增加，所有的耕耘都會陸續得到收穫。

市場機會來自於你的專業基礎，而產出的方向會導向知識內容，最後才會演變成為商品的銷售與業配的機會，但要不要走到這裡，就攸關每個人的選擇問題，因為並不是每個人都想經營粉絲群，或是背書產品的品質，當然也有人志不在此。

一旦有了特定的受眾粉絲，精準的流量內容，就能在自媒體建立精準的受眾廣告行銷，廣告預算投放的成效就會大幅提升績效。

以 Google Ads 與 Meta 為例，可以直接鎖定性別跟客群年齡，以及依照過去經常點擊的廣告內容，投放給相似的使用者，更快速的達到擴張客群的目的，縮短使用者認識自己的時間。

若是實體門市的經營，兩者也能設定投放的地理位置，不會將預算投放到設定的縣市以外地區，這些都是數位行銷廣告的特色，比起過去傳統行銷的方式更能節省預算，達到精準受眾的目的。

行銷這件事，要思考的反而不是需不需要做，而是「該怎麼做數位行銷，才會符合你的需求」。

網路平台是一個公平的起跑點

平台系統不會因為你是誰，而決定你的曝光機率與績效，只會判定你的內容是否符合大眾所想要的資訊，只要你的內容有價值，使用者點擊與駐留的時間夠多，網頁排名就會往前提高曝光率。

行銷是一件很奇妙的事情，不是我們做了什麼，就一定會達到預期的效果。

廣告行銷可以提高流量、提高討論的聲量，但是決定最後績效的，還是必須回到個人的專業價值。

數位廣告投放的內容並不會因為預算的多寡而影響成效，或許以前的廣告模式，只要有足夠的預算、廣告做的夠大，就能夠說服群眾好像很厲害。但現在的市場反而會因為討論聲量大而更被放大檢視，所以必須更重視品質，讓使用者感到有價值，這些才是做內容最重要的目的。

經營自己，
是為了能讓生活更好

　　當越深入經營自己的這條路，有時候難免會產生自我懷疑的心態，為什麼要把自己搞的這麼累，或是為什麼要做這些不一定有成果的額外工作，讓自己在下班時間比其他人還要來的更忙。

　　下班了，其實已經很累了，還要動腦去思考這些細節，更要動手去整理、去記錄內容，大多數人都會因此放棄，能長久堅持下去的人，實在少數。

　　要堅持下去，需要保有一定程度的熱情，還要知道是為了什麼目標而做這些事，努力都需要有個方向，如果只是為了做而做，你很快就會放棄。

　　給自己設定一個目標，不管是公開的資料成就自己，還是增加額外的業外收入，或是完成自己內心裡的某一個夢想，不論哪個都好，給自己一個不能輕易放棄的理由。

回到最一開始的初衷，想想經營自己的目的是什麼？

這些初期的工作，是一個吃力不討好的過程，多少會有身邊朋友的雜音或意見，甚至會有人覺得浪費時間，其實不用在意其他人怎麼說、怎麼看，回到最原本的初衷，仔細思考自己是為了什麼而努力。

這些答案通常很簡單，不過就是為了讓生活能夠過得更好、更從容優雅，讓自己不再載浮載沉，讓自己有明確的努力方向跟方法，透過提升職場競爭力、取得更高的薪資水準，享受更好的物質生活。

應該很少人會覺得努力這件事，單純只是為了職場的成就感，不求回報，雖然這也是自我認可的方式之一，但實際的薪資收入才是最主要的因素，除非你已經財富自由，否則那些冠冕堂皇的理由，不過是包著毒藥的糖衣，說服自己讓日子過得舒服一點而已。

相對地，輕鬆恢意的日子，就是會減少自己的競爭力與生活條件，以我自己來說，如果超過三個月沒有額外接到合作案，第一個月的心理感受通常很舒服，心想終於沒人來叨擾了。第二個月就會開始耍廢，好像這樣的日子也不錯，不用這麼努力也可以。到了第三個月，反倒會有恐慌的感覺，是不是之前哪個案子沒做好，還是成果不如預期，導致後面的合作案就此打住，這樣收入就會銳減，好像市場就因此會將我淘汰。

這些心理層面的感受，都是環環相扣的，人性總是會往

負面的方向去思考，也會朝輕鬆的日子去做選擇，這都是人的天性。但只要了解這些狀態的週期，把這些過程跟時間當作是休息的一部分，在適當的調整後，讓自己再度回到工作的軌道上，就能持續的進行下去。

不要把惰性變成一種選擇，而是變成週期性的循環之一，讓努力也有階段性的運轉，前置準備期跟執行效率期也應要有所區別，讓一整個週期性有自己的步調跟方法，時間的安排就會獲得充分的運用，對於心理層面的壓力也會降低許多。

我自己的週期會依照產業的大小月去調整，在大月的時候盡量滿載，在小月或是年底的時候，進行個人的歲修。或許是放空，也或許是大量的閱讀，把自己的工作模式做完全的轉換，完全的脫離工作期的型態，這樣不管在心理層面，或是執行效率上都能獲得釋放。

這個方式就像，我們最近迷上一個遊戲，就會瘋狂的去玩它，但玩久了總是會產生疲乏，但中間只要換個遊戲玩，當你再回過頭來玩的時候，就比較容易能夠繼續創造紀錄，能夠延續之前的內容。而且，你會不自覺的評估哪個比較好玩，或是哪個更有商業機會，有比較，就會有新的想法跟契機，自己也有機會從中得到收穫與收入。

讓自己在週期性上有定期的調整，不僅可以避免閉門造車的狀況，更能增加執行的效率。100％的運轉，無法長時間的有效作業，職場是一條幾十年的路，慢慢來，會比較快

達到目的。

努力是一種習慣，也會是一種警惕自己的訊號，當自己鬆懈慣了，要再恢復到以往的工作水平，就必須要花費更多的心力，而且還有可能追不上市場的專業水平。

前面的章節，分享如何努力，就是希望我們都能記住那樣的感覺，了解商業市場是如何運作的，只要在這個過程中，讓自己搭上順風車，努力就不會這麼的辛苦，也有機會讓更多人看見，我們的才華，都不該被埋沒，應該被更多人發現。

自媒體可以記錄生活，也可以創造機會

經營自媒體，在一開始就要確定目標與方向，是為了流量，還是為了累積個人的品牌資源。

簡單來說，自媒體的平台是給需要流量、需要觀眾與客戶的使用者，個人品牌非常仰賴自媒體的串聯，但如果不用靠自媒體就能存活的商業模式，其實就不需要浪費時間在自媒體上，能讓最後的目的達成，才是最重要的結果，自媒體說穿了只是一種過程。

經營流量的個人自媒體，大多數也在等待市場業配的機會，等待廠商青睞的時機，或許一開始沒有目的性，若是如果能賺到錢，當然是最好的結果，但要獲得廠商的青睞，其

實沒有這麼簡單，況且有一餐沒一餐的業配合作，能夠支持多久，這也是一個現實的問題。

　　職場的累積，就是靠著一段一段的故事去寫出來的，創業者寫故事來賣商品，個人品牌寫故事來賣自己，不論是哪一個，都需要經過包裝來潤飾商品與市場的連結。

　　而經營自媒體的目的，必須確定目的，再選擇經營的方向，如果單純只是為了做而做，圓自己一個夢，當然沒有問題。但如果多了額外的收穫，更可以養活自己，創造更大的效益，豈不更好。

　　讓你的流量帶上一些專業，讓你的創業帶點故事，不管你要賣自己還是要賣商品，都會來的更有延續性，更能聚焦對的受眾族群。

學會商業行銷，
才有機會將獲利放大

　　取得更好的收入、創造機會，是我們經營自己的目的，但只做到內容的建立，通常會是比較被動的等待機會，只能期待某一天被其他人看見。

　　若要化為主動的關鍵，就必須了解商業行銷的市場架構，雖然不需要自己操作整個行銷的過程與內容，但最起碼要懂得行銷工具上的意義，以及各種廣告行銷相互加乘後的成果，將自己的內容或品牌，推薦到每個使用者的自媒體上。

　　創造收入這件事，有幾個主要的模式來源。

　　首先是大家最熟悉的 YouTube 營利分潤，計算流量和點閱觀看時間，取得 Google 的廣告分潤金。YouTube 的經營除了需要剪輯與錄製的專業技巧，還必須要有企劃腳本和後製的技能，由於現在頻道的精緻度會直接影響使用者的觀看意願，所以我們可以發現，現在頻道的後製能力與精細度

都越來越高，基本上都是專業剪輯師在處理後端內容，要完成一個好的頻道，取得穩定的營利分潤，除非你本身就具有多媒體與行銷的專業，否則通常需要團隊的協助。

再來是接案的模式，用專業內容發布貼文與案例的分享，讓有需要的業主來委託外包，透過案子取得業外的收入。

接下來是個人的知識輸出，將自身的專業背景，轉化成出版的作品，透過作品取得企業講座、公開演講的機會，進而達到企業邀約甚至企業顧問的合作職缺。

這兩種模式，基本上只要自己就能完成，比較不需要額外的跨領域技能，除了出版作品需要跟產業合作外，當然自費出版也是一種模式，但是產業的資源就會相較來的少。

在前面的章節有提到，有延續性的工作才會持續創造市場效益，**文章、設計、品牌顧問、出版**這些作品的效益都是屬於被動型的結果，合作的價碼和主導權大多落在業主手上，要在業外收入取得大幅提升，單靠這幾項其實很難達到，而且這些工作都是以件來計算，有做才有，也必須耗費相對的時間，所以能擴張的程度就有上限值。

除了 YouTube 的營利會依照觀看量取得分潤，其餘的自媒體只有花錢的條件，若沒有品牌的業配合作，並不會有收入的可能，但這又回到接案的邏輯思維裡頭，價碼與主導權仍在業主手上，以及被動式的等待。

最後一個項目，也是我個人覺得最重要的，那就是自創品牌的產品銷售，這也是線上網紅與藝人，這幾年轉型的主

要重點。畢竟主動的收入，會比被動的機會來的更安心，也更有市場規模與商機。

當經營流量，累積到一定的粉絲之後，自創品牌的產品銷售帶來的整體獲利，會逐步超越廠商業配的金額，這也是線上許多大網紅有了穩定流量後，就會開始建立個人品牌的產品，讓產品持續替自己創造收入，做一次事情，就可以長時間取得穩定銷售額，這才是操作個人品牌最終的目標。

自媒體的操作其實就是行銷的專業技法之一

自媒體與產品銷售兩者最大的差異，在於行銷工具的使用數量和規模。

大多數的自媒體使用者或網紅，通常重點放在自己的頻道上，以及另外開立團購社團、LINE 官方銷售等，基本上就比較屬於個人帶貨的經營銷售模式。

行銷專業是將整體的效益作為最終目標，自媒體只是一其中一個環節，而整體的效益包括官方網站的流量，關鍵字的搜尋點擊，LINE@ 官方的好友數量，品牌產品的 SEO 資源，以及廣告點閱的轉換數值等，這些是產品銷售與品牌行銷的最終目的。

在之前的章節提到各個平台的操作內容，其實說起來就是行銷的操作技法之一，若你本身就從事行銷企劃相關的工

作，對於這些內容肯定不陌生，甚至可以說出更多衍生的想法與實際案例。

但如果你以前從未接觸過這個領域，只要按照章節內容去建構資源，透過時間去累積數量，持續的提升專業技能，最後也能達到相似的效果。

對於行銷市場的重點，我個人比較重視邏輯與架構上的規劃，各個平台的專業可以讓其他同事協助，也可以外發給專業廠商執行。但品牌規劃與商品的企劃，只有自己最清楚，如果連自己都不知道該用哪些行銷工具，該如何搭配廣告內容，那外部的人才不可能會有更好的整合能力。品牌規劃與產品的精神，只會在自己的身上產生。

最賺錢的職業，依然是銷售

有些人會覺得，只是在工作上的累積，是否有需要規劃到這麼遠的打算呢？

對於某部分人來說，如果目的只在於工作上的專案累積，或是單純個人的經驗分享，確實不用做到這麼累，完成前些章節的內容，就足以成為一個專業領域的經理人形象。

但如果你是想要增加額外的收入，或是想要改變自己的工作型態與收入結構，那就必須了解商業市場的獲利重心，因為最賺錢的，始終是銷售這個行業，做一次事情，就可以

持續的銷售創造獲利。

　　電子商務更是現在的主流銷售管道，一個企業要能夠獲利，最重要的始終是行銷市場與銷售團隊，不論你是哪種專業背景領域，財務人員也好，IT 資訊、研發團隊也好，當你擁有第二專長的時候，尤其是商業市場的行銷邏輯，你所擁有的職場優勢，將會比大多數人來的更突出，就容易成為市場上少數的人才。

　　了解數位行銷與行銷市場的架構，未來，不管你要賣商品，還是經營自己的專業形象，這些工具都會是你最好用的武器。

第 3 章

拓展收入來源，建立循環的商業模式

突破薪資的上限值

增加收入來源，跳脫薪資的既有觀念

　　在職場上，撇開投資市場的被動收入之外，大多數人都只有一份的收入來源，如果單純只想靠加薪來提高所得，而且職場工作的內容不是業務單位，那薪資擴張的速度跟幅度其實很慢也非常有限，一年能調整個 3,000 到 5,000 元就已經是非常多的級距，但絕大多數的薪資調整都落在 1 至 3,000 元之間，這才是我們熟悉的職場環境，而且並不會因為公司的獲利增加，就有機會大幅提升薪水，能期待的，就是年終獎金比預期來的更優渥點。

　　既然職場的薪資成長速度緩慢，那我們經營自己的另一個目的，就是希望可以獲得額外的業外收入，嘗試把雞蛋放在不同的籃子裡，讓收入的來源方式能夠更多元，就有更多

機會可以突破原本的所得天花板。

　　試想一下，如果在職場上一個月加薪 3,000 元，一年就是 36,000 元，看起來似乎不錯，但如果以業外接案的水準來對比，可能就只是兩三個月的收入而已。

　　這裡必須強調，並不是鼓勵把工作重心放到業外，卻不顧主業的工作狀態，而是必須將本業維持一定的水準，再靠著業外的實戰經驗，壓縮時間、快速累積增加收入的必要條件與職場能力。

　　最後再回頭將這些能力，運用在原本的職務上，來取得更好的執行成果，以及競爭更高的職位與薪資條件，這才是業外經營自己的最終目的，不僅提升收入，也提升自己的職場實力。

別用時間換取薪資條件

　　許多人開源的方式，會選擇多做一份工作，或是近幾年興起的 Uber 或美食外送平台，這些工作內容門檻相對較低，只要你有意願，隨時可以加入並增加額外所得，花多少時間，就能取得對應的收入條件。

　　但這些工作屬性，通常與自身的專業或原始職務沒有延續性，沒有辦法取得相關的連結，簡單來說，就是用時間去換取金錢。雖然這樣的形式可以在一開始踏入就可以取得收

入，但這樣的收入方式會非常有限，而且對於職涯的累積沒有直接的幫助，得到的只是更多的疲勞與倦怠，往後就必須用更多的時間去復原狀態，個人認為比較不划算。

以我自己的條件為例，設計專業的工作背景，大多會接觸到行銷、企劃和文案等專業的工作者，也因為與他們長時間的合作，就容易比其他人能更快速的抓到市場的動向，以及行銷企劃的目的與精神。

當初我在接案或業外合作的屬性上，就設定行銷相關的方向去承接，擺脫完全純設計的工作內容，並在過程中去複製行銷企劃、文案、投放廣告的能力，學習他們所擁有的技能。也因為過去多少都有接觸，學習的效率與成果就會非常快速的上手，因此在往業外發展的路上，就會比較順遂，畢竟不是從 0 開始，會讓自己減少許多挫折感。未來，我將這些工作經驗，移植複製到原本的設計工作後，就會讓自己比其他的同業人員來的更有競爭力，也就成了現在的我。

「會設計的品牌行銷」、「會操作廣告的設計」或「懂管理的行銷企劃」，這些都是合作夥伴曾經給我的評語，簡單的一句話，卻能完整表達專業領域，以及職場的寬廣度。

善用原始的專業背景，去延伸產業內的相關技能，是最有效提升自己的方式，最起碼缺少的資源都能唾手可得，不懂的，抓旁邊的同事來問馬上就有答案。

用專業延伸，創造收入的延續性

　　不管你在哪個產業、哪種職位，只要擁有相對的專業度，所發表的貼文與作品，都能具有一定的可信度，提供專業的知識分享，就可以在文字創作平台發表限定文章獲得分潤，或是選擇透過影音自媒體經營開啟營利，也可以使用接案平台取得案源，這些都是已存在的固有商業模式，只要你帶著熱情加入，都可以取得一定的回報。

　　若你有更大的野心，也有一定的資金預算，可以考慮直接建立品牌，販售專業知識與品牌商品，這是最快的方法，但也存在一定的風險，做生意不可能沒有任何虧損的風險，將來要考驗的反倒是商業模式的轉換，以及廣告行銷操作的技能。

　　但操作品牌販售商品，需要穩定的銷售數字去維持營運成本，而品牌企劃是一個很有趣的工作，不一定要相似的產品才能合作銷售，只要會說故事、創造場景，都能帶來不一樣的效果。這跟經營個人形象又是不同的內容，個人賣的是專業與知識內容，品牌的產品銷售重視的是商業模式和行銷企劃的能力，雖然兩者的關係看起來相似，但主要的核心項目其實並不相同。

　　延續性，是個人成長與增加收入的關鍵，當擁有一項技能，通常沒辦法發揮太大的功效，但多了幾項額外的專業就會讓自己有亮點。

　　就如同第一章提到的，物流人員擁有專業的外語能力，就有機會往外商與關務的工作發展；如果懂得分析出貨的相對關係，就能知悉採購的資源與優勢；如果了解企業的成本結構，未來就有獨立創業的機會。

　　每一個職位上都有不一樣的商業機密，就看自己能否把握住機會去學習，延續性能替自己帶來複利的成果，找到機會，替自己突破薪資的上限值。

用故事堆疊場景，
用企劃銷售商品

　　不論我們是要推廣自己的專業技能經營自己，或者是銷售產品做為目標，都需要一些精準的企劃文案，或是受眾目標會關注的文宣內容，能夠吸引目光或引發點閱之後，才能進行下一步的網頁瀏覽或購買產品。

　　在這個過程中最常遇到的問題，是不知道如何在產品與市場兩者之間產生共鳴，創造出大多數人都能認同的體驗感，簡單來說，要如何用故事的內容，去串聯自身的專業與未來要販售的商品。

　　這些故事的過程中，會營造出哪些場景的元素，又如何埋入自己的專業與商品，讓銷售這件事成為自然而然發生的事情。當產品跟服務之間的界線越來越模糊時，銷售這件事就會變得不這麼排斥，反而會產生替消費者解決問題的心理感受，你的販售，會成為提升消費者生活品質的生活體驗。

企劃案的目的，是為了創造場景去堆疊購物的情緒，讓生活體驗與產品發生連結性。如何用合理的企劃案，去銷售不合理的產品線，更是許多線上主流品牌的技巧之一，以下我用電商平台始終不會衰退的女裝服飾產業來舉例，如何在女性為受眾的購物平台下，販售男性的單品也不會顯得突兀。

企劃案標題，是成敗的關鍵，創造比較心態，營造不能輸的故事背景。

主標設定：「別讓老公成為你聚會的敗筆」

用聚會的場景襯托出當下比較性的差距，告訴消費者，你的美麗，老公要配得上。附上文案：打扮完自己後，記得幫老公挑選幾件適合的男裝或配件，藏一下很久都沒消風的肚子。

雖然不一定每個老公都是走鐘的身材，但通常比例偏高，也比較容易打到受眾族群，若本身體態就保持得很好，也仍然是可以促成消費，只要選品的品味夠好，都是可以成為焦點的商品，人都是需要衣裝的。

尤其在同學會，或是許久不見的姊妹聚會，除了比美，也會比較老公跟比較男友，當其他姊妹都在數落自己不修邊幅的另一半時，你的優越感會自然而生。

女生平時雖然只會在乎自己美不美，但這時候身邊的另

一半，就是面子之爭了，不想花也會捨得花下去。

　　這項企劃的重點，把銷售導向轉到不屬於原本的產品線，可以測試原來的消費者對於其他產品的接受度。如果獲得不錯的迴響，不妨就兩條產品線一起經營，這些都是可能發生的經營狀況，沒有不可能，只有你意想不到的事情。

　　把企劃內容的場景架設好，賦予幾個生活上常碰到的故事跟體驗，自然就可以把不合理的事物都變成理所當然的結果。不論你是經營哪種產業，這套思維都可以套用在產品的銷售上。

　　現在消費者喜好的內容變動很快，導致產品的生命週期減短，必須不斷的提升改良，或者創造更多的企劃案來產生話題，讓消費者不斷的有新鮮感跟購物的欲望。

　　時事上所連結的產品，很多時候沒辦法讓品牌或產品有直接的共鳴，這時候就必須靠說故事的方式，把這些不相關的內容，變成可以一起銷售的組合。

善用市場氛圍，創造購物感

　　我們總是會在百貨公司週年慶的時候大肆採購，或是在雙十一的電商購物節衝動消費，除了最直接的大幅降價折扣外，最重要的是廠商創造了購物的氛圍，讓消費者在這個檔期時，覺得自己必須買點什麼才對得起自己，好像錯過了這

個促銷檔期，就會失去最好的優惠。

雖然這個觀念沒錯，只要用得上的消耗品，都值得在這些時間囤一點庫存，但只要冷靜下來思考一下，會發現其實在另外的節慶檔期，促銷的價格也不會相差太遠，不一定非要在這個檔期內採購，但通路的銷售氛圍強烈，就容易迫使自己採購了似乎想要的東西，替廠商創造了更多的銷售數字。

因為這個消費者習性，我們在經營自己的品牌，或是專業背景的推廣時，也可以善用這種氛圍去刺激銷售，不單只在官方粉絲團，包含 LINE@、EDM、簡訊等，陸續的輪流發布訊息內容，就會創造出銷售的熱度與機會。

反過來想，我們在接收到廣告內容時，除非是鐵粉的等級，不然大多數的廣告內容都容易被忽略，當接收到第二次，甚至第三次時，就會提高我們去點閱的機率，看看到底在賣什麼。這樣的方式不僅只是為了提高廣告次數，更是為了創造熱銷的氛圍，讓銷售的動能持續下去。

若你並不打算經營銷售，換個角度來說，當你的工作成績與作品，在各大平台上露出，用每一個專案的故事背景與環境因素，去記錄與呈現自己的重要性與貢獻度。善用說故事的企劃能力，不只能賣商品，個人的專業度與可信度自然會提升市場價值。

企劃案可以改變整個營運結構

好的企劃案會讓消費者產生情境的聯想，情境內的所有物品都可以是這次活動內容所販售的東西，哪怕不是自家的商品，都可以作為推薦或者代購等營運模式，抽取適合的利潤，幫消費者一次買齊所需要的商品。

這個案例是我在線上課程的商業模式內容，也是現在許多自創品牌與電子商務平台的主流經營模組，了解這一套商業模式的基礎架構，能減少許多不必要的摸索時間跟成本耗損，用企劃來說故事，可以創造許多不存在的可能。

假設今天你擁有一個品牌，主要的產品銷售是專業咖啡研磨機，在你的購物網上介紹各項專利技術，機身輕便不占空間、耐用壽命長、研磨品質高，使用者所顧慮的，你都替他們想到了，價格也符合一般行情，並且具有市場競爭力。

這個企劃模式，上門的顧客很明白的就是對於咖啡機有基礎的認知，大部分的詢問度，很有可能主要來自想開咖啡店的新創業者為居多，只有少數是自用或是商用環境的單獨訂單，畢竟一般人比較不會在家裡放置專業的咖啡研磨機。

我們換個方式，不以機器為主要訴求，換張有著幾位朋友談笑間的視覺圖片，有個人拿著咖啡杯，另個人開心歡笑，照片主角誇張地舉起手像演講似的表達，而桌上零落的放置杯子、盤子，而畫面的邊角餘光，有著你的咖啡研磨機。

這個企劃的目的，就將受眾族群轉成為一般消費者，

這樣的情境與時光，可以隨時發生在家裡的任何角落，你可以告訴消費者，需要多大的空間放置機器，需要有什麼樣的杯子、工具、擺設，甚至拉花技巧都拍攝給你。告訴你，這是你想要的生活品質與體驗感受，在這裡，你可以得到你想要的。

現在，你不必四處張羅各項工具，在我的網站上，你可任意挑選你喜歡的杯盤，選擇你喜歡的桌子擺放新的研磨機、幾張舒適的椅子，以及你個人想要的相關周邊商品，當然了，還有最重要的咖啡豆，我幫你挑選了各種你可能會喜歡的品項，如果沒有，請告訴我，我相信我可以達成任務。

你想在朋友面前展現偷學的拉花技巧，只要你留下你的 Gmail 帳號，我立刻發送教學影片到你的信箱裡，隨時供你學習，只要你願意點開信件，你就能學會。

以上的企劃魔術語，有沒有創造出吸引你的購買欲？

或許你會說，你只是販售一個咖啡研磨機，根本沒有其他周邊可以賣給消費者，而且根本沒有資源與心力再去經營周邊產品，更分散了品牌原本的初衷，這是不可能達到的企劃案。

說真的，其實這個門檻不高，桌子、椅子、相關的大型硬體家具，可以上 IKEA 採購，也可以到家具行選品，找到具有設計風格的桌子跟櫃體，當然還有坐得舒服的椅子。

至於餐具與咖啡豆，當你踏進這個產業時，早已累積不少通路與資源，難道賣咖啡機的會不知道該到哪裡採購咖啡

豆嗎？這是不可能的，請放心。

甚至該到哪裡找尋貨源，價位成本、合適的售價範圍，相信你比誰都清楚，而且進價成本相對便宜，更有競爭優勢。

這套商業模式的企劃，甚至不需要事先備貨，獲取訂單後再進行採購周邊商品，為消費者打造它所想要的場景。

我們用企劃創造出除了研磨機本身以外的需求，讓消費者可以在一個地方滿足所有相關用品，不用大費周章去拼湊自己想要的樣子，提供各種範例與空間，而他只要負責選擇就可以了，這就成為了你的市場差異化，也是擴張產業收益的機會。

企劃案可以改變整個營運的結構，品牌的樣子，
初期是由業主所打造，當開門營業後，
品牌的樣子是由消費者來決定，
他們喜歡你是什麼樣子，
品牌未來就會朝那個方向成長。

以前，你提供的是服務，這些服務可以提升機器銷售量，讓你的產品走入家庭，擴張受眾族群，這個族群量遠比商業用途來的高，更有助提升整體業績。

現在，這些周邊會帶來額外獲利，而且因為消耗品會有持續銷售的效應，說不定哪天會超越本業，消費者更喜歡你所精選的周邊商品，認同你所帶來的生活品味。

　　當營收成長超越咖啡研磨機本身帶來的獲利，那就是品牌轉型的另一個契機，咖啡，變成是你用來說故事的場景，周邊的銷售才是營運的重點。我們永遠不會知道市場會如何定義自己，隨著經營的時間反饋，消費者會在銷售數字上給我們答案。

經營自媒體要投其所好，
不是有做就好

首先，我們需要了解，自媒體的文宣是為了誰而做？
在適合你的平台上去經營，
不是在你喜歡的平台上去配合所有人。

經營內容、記錄專案總免不了需要在自媒體累積觀眾，在製作自媒體文宣的時候，很多人會做出一個通用規格，然後所有平台一起發布，雖然省事，但這樣效果通常都不會很好。每一種平台的使用者，都有不同的觀看習性，一樣的主題需要不同的文宣特質。

製作文宣之前，先了解自己是屬於哪種特質，如果你擅長文字內容，就到 FB、部落格去經營內容；如果你擅長拍攝、圖像處理，就到年輕人愛用的 IG 去找他們；或是你具有拍攝跟剪輯的專業，就乾脆到 YouTube 經營流量，直接開啟營利。

　　自媒體是現在所有人主要的資訊流量來源，大多數人選擇在最主流的地方去發布內容，卻忽略了平台上的特質是不是符合自己的內容。選擇平台的同時，也評估自身製作的專業條件，是否能夠長時間創作產出，並且維持高度質感，不單只是為了做而做。

　　要在平台上取得觀眾，需要了解他們的年齡跟使用習性，年輕人熱愛自媒體，互動性越高越好，IG 與 YouTube 就會是首選。

　　白領階級、主婦等類似族群，他們擅長蒐集資訊，透過比較、知識型文字去選出他們所需要的商品，比較常在 FB 粉絲團、部落客相關領域出沒，SEO、關鍵字的經營也會是主要的延伸領域，而且在 Podcast 也能找到這些族群的身影，選擇適合你的平台屬性去經營，會讓你的經營過程不這麼坎坷。

　　許多人為了追求當下的主流平台，完全不管自己的內容有沒有適合，硬是喜歡發一堆文字貼文在 IG，年輕人真的完全不想看就會滑掉，導致貼文的成果不佳，後續不管怎麼調整，都很難有起色。

　　如果只是為了做而做，那只是安慰自己，「因為大家都在做，所以照這樣做就不會錯的心態，況且反正一堆廣告都在教如何投放廣告、代操廣告，只要預算丟下去就會有業績」，這樣最後你會發現，未來不管要做哪種轉換的目的，你的行銷預算回報都會不如預期。

該如何設定各種平台的發文標題重點？

在這些平台的標題使用上，各自有不同的表現方法。

IG 需要簡短有力，主題明確且直接的呈現，減少任何會產生疑惑的可能，呈現方式著重在圖片與影片為主。

FB 與 YouTube 的標題，就適合使用具有想像空間的文案，留下伏筆或是疑問句的方式，吸引閱讀者更深入的探討內容，不管是長篇的文字或較長時間的影片，使用者的接受度都相對來的高。

IG 不是不能閱讀文字，只是在軟體的設計上原本就是以圖像為主，文字本來就不是這個軟體的重點，相對來說，不適合閱讀，尤其這個平台使用者大都是年輕人，所以只要文字一多就容易被略過。

若真的非用不可，請記得將文章擷取重點，條列式引導閱讀，千萬不要整篇丟上去，否則只是浪費時間。

再來，我們需要了解自媒體平台的使用者輪廓與優勢。

社群平台主要的使用者輪廓都不同，尤其現在的使用者不太喜歡透露網路足跡，你會發現很多常態式的貼文，讚數與分享數都明顯下滑，但銷售數字卻仍然保有一定的水準。

這也是消費者越來越保護自己的網路行為所導致，不想讓太多人看見自己看過什麼內容、買過哪些東西，而且這個現象在 FB 又比 IG 來的更為明顯，但這群人非常有消費能力，是不能忽略的一群受眾主力。

IG 的主要使用者年紀較輕，將圖片作為主要傳達訴求，黏著度及使用頻率極高，喜歡分享、標記來創造互動話題性，適合創造短期的流量。限時動態是經營重點，旅遊、潮流、美食等時下文化，有比較好的轉換率與討論聲量。

FB 粉絲團適合較大量的文字訊息，使用者年齡稍較年長，資訊搜尋能力高，適合具有專業內容、知識型的內容發文。而且市場的消費主力族群大多在這，所以目前廣告投放最大宗的來源，仍是以 FB 為主，年輕人口中的老人社群平台，剛好是經濟能力相對好的世代。

若你未來的經營主力在 FB 上，想要以銷售為最終目標，可以搭配部落格與官方網站的配合，這是建立 SEO 最重要的基本素材，也是經營專業內容與銷售產品一定要投入的重點項目，在 Google 搜尋上建立大量的專業內容，這是讓新的消費者認識你的最佳方法。

記得，SEO 要建立在自家網域的官方網站，在 FB 與 IG 是搜尋不到 SEO 的，千萬不要做一次性流量，非常燒錢且效果短暫。

最後是大多數人都會使用的 LINE，這是經營受眾最直接的溝通管道，讓你的粉絲享有最快的訊息互動，持續的提升服務內容，這是經營效益很高的平台，千萬不要捨棄，若你是喜歡與粉絲互動的經營者，更是快速累積鐵粉最好的管道。現在許多的團購主，仍使用 LINE 的群組作為主要的經營管道，而且轉單率並不會輸給主流社群平台，並且行銷預

算相對其他的管道也非常便宜，這是最大的優點。

　　LINE 還有一個優點，那就是廣告訊息的接受度，相對其他平台來的高。

　　當我們每天打開 LINE 的時候，都有數十通以上的廣告推播，雖然我們都知道那是廣告，但有些帳號我們就是不會封鎖它，就算我們都討厭被打廣告，偏偏 LINE 官方傳來的就不這麼的排斥，無聊的時候還會回頭去看看有什麼可以買，好像留下它就是為了要花錢，但明明我們每天都在說要省錢，這就是它迷人的地方。

　　至於其他沒有提到的平台，並不是沒有經營的價值，只是使用率跟受眾範圍相對來的小，對經營的 CP 值來說通常不會比主流媒體來的好。

　　但是如果你有把握在其他的自媒體能夠做出成效，就是值得經營的內容，也不一定需要迎合市場上的特定工具。

　　社群的經營上各有各的特色，先找到與自身特質比較相近的平台，和受眾會有比較多的共鳴與連結性。有時候鍾愛某個平台，只是個人的喜好而已，不見得是相同受眾會選擇的結果。

　　貼文需要適當的去調整內容，想辦法讓使用者願意往下看，才是最後的目的。也不要太在意按讚的數量，做好該有的品質跟內容比較實在。

24

不銷售，也要做官方網站

　　許多人認為，官方網站是做給電子商務，是一個販售商品的管道，或是大型企業有錢有閒才做的事情。但對於我來說，網站是塑造專業形象與建立內容，必須要做的事情，尤其當你往後的規劃包括了接案、個人品牌的方向進行時，就有非做不可的理由。

為什麼要經營官方網站？

　　不管你經營哪個社群平台，多少會思考是否要建立屬於自己的官方網站，傳達自己的內容及理念。但經營官方網站是一件勞民傷財的事情，如果又附加上電子商務的銷售，那更是一個需要花費大量時間與人力去管理的平台。

也因為建立一個網站的成本費用實在不低，除了網域跟製作的費用，還必須定期維護更新，這需要有一定的專業基礎，如果全部外包，每年花下來的費用也是一筆龐大的負擔。也因為這些環節，大多數人最後都選擇放棄官方網站，轉向去經營 FB 與 IG，作為官方網站的概念。

這個策略觀念在成本的思維上是正確的，但在經營個人專業與產品銷售上，邏輯上卻是行不通的。

雖然社群媒體是目前的主流，但在各個平台都有系統的保護機制下，在 Google 的搜尋資料庫裡無法作為 SEO 的基礎，這些內容只能在原本的平台找得到而已，對於作品資訊的累積，以及關鍵字搜尋都沒有明顯的幫助。

官方網站與社群媒體的差異性。

社群媒體平台主要是分享各種與粉絲互動的貼文與產品介紹，各式各樣的活動與促銷折扣，甚至部落客業配都能達到效果，雖然看起來已經可以完整的取代官方網站，但因為沒辦法在 Google 的關鍵字被搜尋到，等於你沒有任何機會讓新的使用者認識你，能影響粉絲與受眾的內容，只有當下發文的時機。

有些經營者把社群媒體當作主要跟粉絲互動的管道，將建構網站的成本轉到社群媒體，透過投放廣告接觸新的消費者，這個邏輯雖然沒有錯，但累積一整年下來的廣告預算，絕對超過建置網站的費用，甚至倍數以上。

尤其在社群媒體最主要的受眾目標，是已經認識你的使

用者、或潛在消費者，在不投放廣告的狀況下，原則上無法接觸到新的使用者，這對於長期經營品牌的成本上其實是更昂貴的。

換個說法來講，社群媒體的互動跟行銷，都是一次性的，不管有沒有投放廣告，做完之後，很難留下任何品牌資源在網路上給使用者瀏覽，使用者只能一篇一篇往前慢慢找，通常也很難找到所需要的資料。

以經營個人專業的角度來說

專屬個人的網站，對於我們一般工作者是一個建立專業形象的基礎，將過去的作品跟主要傳達理念，可以用網站去規劃，讓使用者走進你創造的故事與場景。除了社群媒體，當你擁有官方網站時，相較其他的同業，你就更有專業上的優勢與信任感。

在於成本的結構上，我個人使用 WordPress 架設官方網站，每一年的總計費用約 300 至 350 美元，加上折扣可以控制在 250 至 300 美元之間，費用包含了月費方案、網域、網路空間等。這是屬於商用版的架構，內容包含電子商務、外掛等需求，若沒有這方面的需求，初階的版本選擇大約可以控制在 150 美元上下。

以一年的總費用來看，相對於行銷費用低上許多，這

也是為什麼我會建議架設官網的主因，不貴，又能建立專業形象，只要承接一個專案就足以回收成本，而且又可以操作 SEO 建立素材，在經營專業的角度來看，怎樣都划算。

以經營商業品牌的角度來說

以商業經營的角度來看，可以將過去操作過的內容，部落客開箱、KOL 品牌口碑、使用者回饋、曝光媒體資訊、各項訊息與會員的專屬內容，統一整合在一個架構裡，在使用者的瀏覽體驗上會更容易增加信任度。

把品牌實力堆積起來，與消費者的連結上就會來的更強，這些內容行銷的品牌實力，在 SEO 的表現上會讓網站分數提升，更容易得到曝光的機會，觸及消費者的機會就會越來越多。

尤其在客訴商機這一塊，更是創造品牌鐵粉的重點。

我們換位思考一下，當我們在購買產品時發生客訴跟退貨的問題，讓我們最生氣的並不是商品本身，而是很難找到退貨的流程，以及不透明的退貨進度資訊跟退款金額，讓整個購物體驗變的非常不滿意，未來就不可能再回頭消費。

讓你的消費者有家可回，要抱怨，也有地方可以罵，創造客訴商機。

官方網站通常會成為消費者遇到問題之後，第一個回來

的地方，而最好的方式就是可以直接在訂單的位置找到退貨流程，不用被百般刁難。如果消費者同意，更可以把退貨金額留在網站的會員系統裡，成為下次消費購物的折抵金額，減少流失消費者的機會，創造經營會員的品牌實力。

在銷售產品的角度來說，如果沒有經營官方網站解決金流跟物流的問題，就必須將購物流程建立在其他平台上，例如 MOMO 購物網、Yahoo 商城、蝦皮……除了交易手續費，平台抽成也是不小的負擔。

尤其在名單蒐集上完全無法取得資訊，就算是跟你購買過商品的消費者，也沒辦法透過任何方式再次接觸他，更無法發送任何的廣告文宣。這些消費者資料都是被平台保護起來的，是各個平台的資產，絕對不會透露給銷售的廠商。

不論是打算經營品牌，還是個人的專業，以長久的時間來看，官方網站絕對值得投入資源去耕耘，在未來會還給你更多的使用者回饋與銷售數據。

差別在於要用建構式的平台，或是以電子商務為主流的套板平台，例如：SHOPLINE、CYBERBIZ……客戶管理系統和後端產品規劃系統相對完整，但年費就來的較高，看自身的需求去選定。

經營電子商務銷售的
時程建議

　　若你的最終目的是販售產品的商業考量，每個階段都有不同的評估條件，最重要的判斷因子就是成本支出的概念，在個別的時期，如何選用平台才能達到最好的價值，而不用一開始就投入大量成本，造成營運壓力。以下就特別節錄線上課程的內容，如何在各種時期，應對所需要的資源。

　　品牌規劃在各個時期的產品銷售上架前，先評估品牌目前位於哪個階段，可以分成三個階段時期：草創期、基礎期、拓展期。

草創期：降低初期建置的營運成本

　　品牌及產品資訊正在建置中，適合將商品上架到蝦皮、

露天拍賣等平台，解決金流與物流的需求即可，盡量降低初期建置的營運成本，透過粉絲團、LINE 等自媒體建立基礎曝光量，以及與消費者的溝通管道。

此時期將經營重點放在品牌基礎建立與商品資訊的完整，強化改善購物體驗不足的內容，打造一個有品質的品牌，盡量降低任何會產生的營運支出。

基礎期：建立品牌口碑與使用者回饋

品牌內容與商品資訊已完成，對外溝通平台也已經順暢。現階段著重建立品牌口碑與使用者回饋，累積網路可搜尋量、強化 SEO 系統，此時將銷售主力建立在外部購物平台（MOMO、Yahoo 等）是最有效率的時期。

外部購物平台有數百萬的使用會員，強大的再行銷與自媒體行銷系統，對於導流和轉換率有很大的幫助，轉單能力會比草創期在拍賣平台高出許多。

外部購物平台的消費者屬於重度搜尋者，此階段的經營重點需要建立大量的使用者回饋、開箱、分享，是轉單率非常重要的依據，也是 SEO 建構的基礎。

這個操作模式當然也是有優缺點的問題，優點是可以達到穩定提升的銷售量，維持營運績效。缺點是無法取得消費者名單，往後無法操作再行銷，持續深耕粉絲再回購。

拓展期：需要投放新流量的導流廣告

已完成內容行銷與 SEO 的建構，也有了穩定的基礎銷售量後。可以同步拓展自有官方購物平台，將外部流量導回官方網站，取得名單，這是開始投放廣告非常重要的前置作業。埋入像素，追蹤使用者與消費者的瀏覽喜好，操作再行銷的廣告，將可以穩定未來每個檔期的基礎銷售數字。

拓展期的經營重點在於需要投放新流量的導流廣告，目前以 FB 與 IG 為主要來源，Google 聯播、YouTube 影音效益次居，將陌生流量導入官方網站，再進行銷售漏斗達到轉單的成果。

千萬記得，經營官方網站，沒有投放廣告、就沒有流量，也就沒有訂單，必須由品牌自己產生流量來創造績效。

定期的廣告預算是不小的負擔，所以必須有穩定的基本營業收入去支持，但如果有足夠的營運資金，是可跳過前面兩個階段，直接進行官方網站的建置，將所有名單導入官方，再將品牌拓展向外到各家外網銷售平台。

你可能會覺得為什麼有充足的資金，卻與上述的模式形成反向的執行？

因為拓展全通路平台上架，最主要的目的不見得是為了銷售，最大的重點是為了「曝光」。讓所有消費者在各大主力網站都能看見商品，是建立品牌實力與消費者信心的一種方式。

對於通路的開發，會先建議找到適合你的消費受眾，減少固定支出、降低維護通路的管銷成本，不一定需要通路全開，不是每個品牌都有資金可以直接執行第三階段，這需要數百萬、甚至千萬以上的資金作為營運的後盾。

許多業主的認知，在品牌經營上，通路全開似乎變成唯一的選項，不上架、好像品牌力就不夠強壯，但只有我們實際經營的 PM、MD 曉得，哪些通路真正有在跑量，而哪些通路僅僅只是曝光用的功能性上架，先不論通路上架的成本，光是維持通路基本檔期的曝光文宣，就需要耗費很多時間。反過來想，通路全開這件事是否真的有執行的必要？

如果資金夠雄厚，全通路上架確實是一個提升消費者信心很好的模式，重點在於有多少的資金可以燒。

最後的結論，這一切還是必須回到使用者的習慣，我們在搜尋一個新事物的時候，總是會使用 Google 瀏覽器，只要被搜尋得到，就有成功銷售的可能。如果要談投放廣告的價值，Google Ads 也不會輸給任何一個社群媒體，畢竟他擁有全世界最龐大的資料庫，以及 YouTube 影音平台的支撐。

若有餘力，官方網站的建立，是品牌經營的主要核心，也是會員經營的主要平台。讓消費者有家可回，要退貨、要抱怨都能輕易找到你，安撫過後，又可以繼續販售，而且，他會更愛你。

一種品牌策略不見得適合所有人用，若只看表面的效益，用錯了，通常反而更燒錢。

廣告預算的高低，取決你經營的野心

　　在經營自媒體或是品牌銷售，除了要花費大量的時間與精神外，大家最在乎的就是營運的資金成本，以及創造機會的行銷廣告成本。

　　不花錢就能接觸到使用者，其實就跟傳統的陌生拜訪很像，但你完全不知道眼前的這個人是什麼樣的人，是不是你的目標受眾。或者是靠著親朋好友的分享，用過去累積的人脈去堆積銷售量，但這些銷售的數字通常都帶著人情的意義，不太會是長久下來的主要營收來源與觀眾群。

　　當使用者對於你的內容與產品沒有需求度，對他們來說就不具有價值，自然也不會提高預算，甚至拒絕購買。反之，當我們對一件事物有所求時，我們為了找到答案、找到解決的方法，會持續的提高心中的價格，並且隨著時間過去而越來越高，直到解決問題為止。

找到這些具有潛在價值的使用者，才是我們經營專業與品牌的目的，將有價值的知識與商品，創造商業轉換的機會。

「有沒有不用花錢的廣告？」

這是許多中小企業做品牌、做行銷最常聽見的期望，換個角度來看，當我們經營自己的專業時，也希望能夠盡量不花費預算，甚至零成本，當然不是不可以，但要在眾多專業高手中認識你，就必須要靠緣分。

大家都看過一些網路上的廣告文宣，成效看起來就是一般水準，但是卻可以得到許多的詢問跟關注，或許有些內容的專業度可能還在你之下，卻能擁有這麼多的市場機會，有很大一部分的原因，是因為那些人願意花少許的預算，去嘗試接觸陌生的使用者，讓自己取得更多被關注的機會。

之前的章節提到 SEO 也是一種不用花費預算的廣告，這是利用搜尋引擎的演算法，依照消費者搜尋的關鍵字，將最相關的網頁排列出來。

開啟 Google 去搜尋是所有人一貫的行為模式，搜尋引擎的工作就是把你搜尋的內容挑選出來給你，但我們通常只會看前面一兩頁，這也是為什麼必須要想辦法創造網頁的內容，讓曝光的排序可以往前一些。

嚴格說起來，SEO 不能算是廣告，頂多稱為提高品牌曝

光的機率，而且不一定能保證有效，只能被動地等待機會。

　　SEO 雖然不花錢，但是代表你要花更多的時間、更多的心力去做出內容，讓使用者願意停下來觀看，一週寫幾篇文章去建立網站的資料庫，每週更新一兩支影片去創造訂閱，粉絲團一週三到五篇的發文，甚至隨時必須創造限時動態去取得互動，最後還不見得能產出有效的流量。

有人會想，不做廣告行銷難道不行嗎？

　　換個說法，投放廣告，就是為了篩選掉與銷售產品無關的人，省掉你浪費時間去推銷，直接找到願意聽我們說話的潛在使用者。

　　因為有需求，使用者才會願意花時間去了解產品的內容，透過廣告篩選出願意聆聽的受眾，這樣才會將經營的效率提升。

　　曾經聽過有些業主說，我不需要流量，所以根本不需要廣告，我只要訂單，其他的我都不重視。

　　但是我很好奇，如果沒有人進來你的粉絲團、你的網站、你的門市，要如何成交訂單呢？

　　顯然業主對於數位行銷的理解程度，還未到達經營品牌該有的水準。

　　大家都知道，有人潮才有錢潮的這個基本道理，開店面

都要找最多人逛街的地方，怎麼換到網路上做銷售，流量就變成了不重要的事情。

降低預算、減少支出，這是所有經營者的共識，但是當你願意嘗試，將一部分的資源投入行銷市場，就已經贏過80％的專業工作者，這是很現實的市場狀況，因為最後通常比的不是專業的高低，而是經營策略的操作模式。

要記得，開店銷售之前，要先開門

流量就等於你把實體門市的店面打開，有人經過、有人感到好奇，才會進到店裡面來，消費者與使用者才有購買的可能。

再請你回想一下，現在你跟朋友、家人的聚會，想去吃的餐廳、想去踩點的網美店，想購買的衣服或是生活用品，是透過網路廣告看到而去的，還是因為閒逛經過店家的門口，不經意地走進去的，最後再選擇要不要消費。

兩者相較之下，購物體驗的比例差距有多少，相信我們心裡都有答案，但是一旦經營的角色互換之後，這個答案很容易就被節省成本的心態改變了。

不花錢又想做曝光，所需要創造出來的內容，通常不是一兩個人就可以完成的事情，內容包括文章撰寫、圖片製作、影片拍攝、後製剪輯等各種高度專業，更何況還要經營

粉絲團創造固定粉絲流量，真的不是犧牲睡眠就可以達到的事情。

若要評估團隊的養成預算，這往往會比一般的廣告費用來的更高昂，相比之下，你真的不見得願意花這個費用去外包專案。所以，廣告的功能是讓大家知道你的存在，增加自媒體的新流量，對於整體的經營成果會大幅提升。

尤其現在平台的自然演算法，觸及率低到會讓人流眼淚，若真心要經營，建議要設定固定的廣告預算，哪怕一天只有 300 元的預算都好，慢慢累積，持續下去就有機會做出成績。

換個觀念來說，廣告投放等同一位業務人員，協助你挨家挨戶去找到最適合你的客戶，並且來到你的網站、粉絲頁，了解你在做什麼，你在賣什麼，你有什麼故事。轉換成這個思維去看待廣告預算這件事，只要不是太豪放的亂投，少量、精準的去嘗試，有了一點成績之後，再慢慢的提升預算規模，經營效率絕對會比不花錢來的更好。

總結來說，會希望廣告預算越低越好，或是不用任何的費用，最根本的原因通常是過往的廣告投放沒有達到預期的成效，賺不到錢，才會希望降低支出。

廣告投放沒有成效，要解決問題還是必須回過頭去重新調整投放的內容，檢視貼文和整體資源的分配，如果單純降低支出並不會提升整體的獲利，反而只是降低自己的曝光率而已。

最後記得，要定期評估每個月的廣告預算，是不是符合預期的支出比例，未來有沒有可能因為專案承接，或是產品銷售來打平支出，若沒有這兩項的規劃，當然可以直接省下預算。但未來有打算依靠這些內容，去建立額外的收入或創業，就必須要學習這些細節的執行目標。

社群媒體也需要收入去平衡支出

行銷預算與廣告投放，是為了縮短與使用者的距離，熟悉系統的演算法，讓有興趣的觀眾有機會認識自己，一旦停止廣告，就必須找到替代方案來接觸使用者，否則只靠自然的演算法，真的很難擴張你的觀眾群。

社群媒體最大的資產就是使用者，若平台有辦法讓我們可以無條件，甚至不用廣告費就可以去接觸他們，那平台也早就該倒了。為了經營、為了獲利，平台的演算法只會越來越嚴苛，不要對社群媒體抱有太多過度的期待。

第 4 章

廣告實戰操作，
串聯品牌的線上資源

27

廣告，為了讓事情更順利，更容易達標

　　廣告這件事，大多數人通常覺得自己不需要了解太多，畢竟是不同的專業，而且沒有直接的必要性，也就不把行銷當一回事。

　　其實廣告操作這個領域，關係到了每個人在自媒體使用的習慣，為什麼有些人經營自媒體可以這麼得心應手，在短期的時間就可以得到大量的粉絲量跟關注，有些人做了數年都不一定能被看見，而且專業內容並不輸給其他人，但就是沒辦法得到青睞，沒有機會找上門。

　　製作的內容當然會影響結果，但對於媒體跟廣告之間的關係，才是最主要的因素。了解廣告的邏輯跟背後的意義，就能善用廣告之間的關係，用少量的預算去創造你想要的績效，甚至獲得業外收入。

　　許多人對於網路投放廣告這件事都持有負面的印象，覺

得很燒錢、又達不到效果，所以認定廣告都是來騙錢的，但如果真的是這樣，那市面上的品牌大廠為什麼都能長時間的投入預算，然後一次又一次的熱銷。

其實廣告投放的目的有很多種，各種廣告工具在使用上有不同的意義，而且工具使用上有階段性的分層，更要看看目前品牌有哪些資源可以配合廣告，一同產出額外的效益，提升相互加乘的效果。

廣告沒達到效果，通常是不了解廣告的屬性跟意義，只看別人花錢了就感覺有用，殊不知，在背後的努力跟其他廣告的交叉操作，才是最重要的關鍵，會讓你看見的，都只是最後的成果，那些不讓你看的，才是我們該想辦法挖掘的。

受眾有分層，陌生觀眾與回購客群各不同

屬於第一層流量的廣告工具有哪些？

第一層的流量廣告，最主要的目的就是帶入陌生觀眾，屬於第一層流量的媒體有 FB、IG、Google Ads、YouTube、關鍵字廣告、LINE LAP 廣告……這些廣告的特性就是會主動去找消費者，讓有興趣的使用者點擊。

這個階段通常用來導流量，無法創造收入，也不足以負擔廣告的費用，無法打平行銷支出。

第二層屬於再行銷廣告

包含搜尋再行銷、圖片再行銷、內容行銷、關鍵字再行銷、口碑行銷、EDM 行銷……這些廣告大都是已經接觸過使用者，會持續的不斷追著使用者跑，目的就是要你記住他。這些廣告的屬性重點是，你點擊過的、停留觀看過、搜尋過的關鍵字，以及主動留下的 Email 個人資料等。

第三層則是高轉換率的廣告

例如：LINE 推播廣告、EDM 再行銷、FB、IG 像素再行銷廣告……

LINE 的推播廣告大家都不陌生，就是會定期提醒你買東西的官方帳號，只要你沒有封鎖他，通常都是有興趣的，也有很高的機率會在那個平台購物。

EDM 再行銷廣告，是指透過其他導流廣告，例如 FB、SEO、內容行銷接觸後，你主動留下的 Email，提供給品牌的聯繫方式。

而通常主動留下資料就是對於議題或產品有興趣，後續在 EDM 行銷的開信率跟轉換率就會提高非常多。

最後一個也是最重要的，FB、IG 像素再行銷廣告。

FB 廣告轉換率很高的模式是透過企業管理平台，對曾經跟粉絲團按讚、互動、或是對購買過的消費者直接投放廣告，這些觸及者的接受度跟再回購率都是最好的，效益也會最好，原本就是這個粉絲專頁的使用者，自然會是最死忠的

支持者。

　　這些黃金名單的來源是經過前面一層一層過濾來的，必須要長期經營，耕耘品牌忠誠度，所以每一層的流量都有它的意義。

尋找喜歡分享的觀眾，可以提高數倍的觸擊率

　　在自媒體的演算法，通常會將你發布的內容推給你的粉絲，但也並不是每一個粉絲都能看見推文，必須是互動率良好的使用者，才會在第一時間看見。若是一個新開的官方帳號，基本上就不太有人會發現你的存在，就只能靠親友分享來增加觸及，但這些通常是人情受眾，並不是正確的受眾。

　　在這個階段，如果想要縮短成長的時間，快速的取得相同興趣的觀眾，可以在自媒體上投放小額的廣告，將設定重點放在互動的成果。

　　自媒體在設定廣告時，可以選擇要轉換目標或是互動，轉換目標指的就是到指定的網站或網頁，或是購買商品；而互動指的是，貼文的按讚、分享、留言等結果。在經營初期的時間，使用互動的廣告貼文，可以大幅提升有相似興趣的使用者觸及，而觸及的數量少則數倍，甚至有十倍以上的機會，重點在於貼文能夠被多少人分享，而且接觸到的使用者，會是與你有相同興趣的直接受眾。

如果要問說如何找到跟自己有相同興趣的使用者，除了 Meta 後台的企業管理系統，目前沒有其他的辦法可以做到，畢竟這是屬於媒體平台的資產，只有付費才能使用這些 DATA。所以，要快速達到成效，提撥小額的廣告預算，對於平台的經營會比較順利，哪怕一天只投入 100 至 200 元都會有效果。

觀念正確，事情才會順利

行銷市場的廣告工具很多，也因為大多數人投放廣告後的成果沒有達到預期，所以對於廣告的印象都不是很好，感覺都被平台給賺走了，而廠商卻沒得到應有的訂單跟獲利。

廣告行銷的目的在於流量，每一層流量的廣告意義都不同，能做到的效果也不同，有些廣告只能吸引人流，有些則是作為銷售的工具，也有些是屬於會員服務的性質，每個階段使用的方法都不太相同。

了解每個廣告本身的意義，才能搭配正確的轉單工具去做到訂單成交，或是找到適合你的觀眾群，觀念對了，事情才會順利。我們看見線上那些爆紅的媒體，鮮少是因為靠自然流量跟自然觸及產生的，大多是搭配廣告和行銷的技巧，去創造聲量與市場的機會。

或許你覺得廣告行銷跟自己不會有關連，但你的正職

工作只要有接觸到行銷企劃、業務銷售、電子商務、產品開發、倉儲物流、資訊工程等相關職務，都會提升對專案的理解度與整體效應。

要成為不一樣的人才，除了本職專業，需要培養第二個，甚至第三個不同的領域專長，我們的努力才容易被看見。

只要能達到我們人生規劃的目標，不管哪種專業領域、哪種工具，甚至是廣告媒體，都可以去了解其中的含意，善用時代科技的力量，讓自己更容易，也更輕鬆的達到目標。

28

廣告不是沒用，
更須了解目標成效

　　每一種廣告都是工具，沒有最好的模式，也沒有那種丟廣告就一定會爆紅的事情，廣告需要時間去累積，消費者也需要時間去堆積對於你的信任感。

　　廣告是接觸消費者最重要的媒介，除了大家都熟悉的臉書企業管理平台的廣告之外，還有幾個投放廣告的主流媒體，以下就大略說明這些廣告的涵義跟使用範圍。

Google Ads：涵蓋範圍非常廣

　　首先，先來講 Google Ads 的廣告，Google Ads 涵蓋的範圍非常廣，除了常用的關鍵字廣告、聯播網廣告，以及購物廣告、影片廣告與應用程式廣告，都包含在這個範圍內。

要使用哪些廣告模式，要看產業而定，若是單純的產品零售業，比較常用的有關鍵字廣告、購物廣告和聯播網廣告。

聯播網廣告的版面通常在逛網頁的時候呈現，頁面旁邊或者網頁內容中間會穿插的廣告圖片，把你可能喜歡的產品廣告放到面前給你看，依據你瀏覽網頁的足跡，或是點擊過的類似廣告去判斷。

圖片再行銷廣告，就是你近期曾經看過的廣告，會在短時間內不斷的提醒你，企圖加強你的購買意願，當你一陣子不再去點擊相同的廣告，它就會慢慢消失，直到你點擊下一個新的廣告開始，又會重新一個新的循環。

瀏覽器的廣告內容雖然常常被忽略，但平台有大量的使用者，以及可以精準的依照喜好標籤去推薦內容，仍然是很強大的廣告工具，尤其 Google 平台的使用者頻率一直很高且穩定，這點仍勝過所有的自媒體平台。

關鍵字廣告

這個就是使用瀏覽器去找尋你想要的文字，關鍵字廣告可以讓你的網頁因為關鍵字而跑到第一頁，或是頁面的前幾個推薦選項，讓使用者更容易點擊你的內容。

除非你的網站有長期耕耘 SEO 而且做得非常好，否則在沒有關鍵字廣告的狀態下，你的網站通常排不上前幾頁，當然還是要視產業的熱度而定。如果你的產品是市場獨占，那搜出來當然只有你一個，但通常不太可能，你的競爭對手

遠比你想像的還多。

Google YouTube 影音

我們在觀看 YouTube 的時候，片頭會有廣告，中間看到一半也會有廣告投放，這些廣告分為可略過跟不可略過兩種曝光計算方式。

可略過的屬於串流廣告，有觀看才計費，且觀看時間達到一定時間才須付費，重點是可蒐集再行銷名單。

不可略過的影音廣告屬於串場廣告，長度為六秒與十五秒，好處是消費者一定會看完你的內容，但觸及名單無法蒐集，適合大型的知名品牌運用。

Yahoo 原生

這個大多數人就比較陌生，原生廣告就是內容行銷的前身，只是我們比較常把內容行銷放在網紅、部落客來操作。

你應該看過一些新聞頁面的文章看起來就很像業配，或是有一些文字媒體平台上的文章，撰寫的內容很明顯的偏向廠商，或是根本就有打廣告的嫌疑，其實這些內容都是原生廣告的一種。

FB & IG 流量廣告：最多人使用的廣告

這是最多人使用的廣告，簡單的前台投放流程，所有人都可以輕易的去設定廣告內容，但也因為門檻太低，導致詐騙氾濫，有利也有弊。但許多賺錢的品牌，仍然會在自媒體平台投放定期的預算，不僅只導流第一層流量，對於粉絲的再行銷的效益上，也有很大的幫助。但前提是，必須到企業管理平台去操作，前台的推薦按鈕功能太過簡化，無法更深入的調整受眾設定。

再仔細去觀察那些在 FB 投放廣告效果好的品牌，不難發現他們在其他的廣告平台預算分配上都有一定的比例，甚至預算更高於社群媒體廣告，這也是因為他們了解消費者的使用習性。將 FB 的社群廣告作為最初階的流量廣告，把你導引到其他網站頁面或銷售網站，讓你留下足跡和個人資料，未來在 Email 與 LINE 官方就能創造最少的行銷預算，達到最好的預期效果。

所有人都有同樣的問題，「我該用哪個」。

行銷操作的工具跟管道這麼多，如果你不是行銷人，看了這麼多的介紹跟說明，就會產生一種不知道哪種適合我，或不知道該如何起頭。而且每樣都要花錢，看起來又每個都無法捨棄，懂越多、麻煩越多的感覺，那我們就用結果來反推，你想要達成哪些效果，需要在哪些廣告下功夫，用最後的目的去找方法是最直接的方式。

　　而且有些人最後的目的會想做銷售，那該如何選擇銷售的平台與廣告工具，讓兩者之間可以相互提升效益。

經營個人專業、個人品牌形象為目標

　　經營個人專業其實是最簡單的，最後的目的通常是以接案、公開講座、經營顧問、個人出版、自媒體等，為最多的產出成果。這些目的在於擴展專業知識領域，以及個人品牌識別度的階段，各種邀約通常都是有明確主題性的合作。

　　若在這個階段，已經有明確的商品或定期產出的文章，就適合在粉絲團建立互動型的廣告，去創造讀者流量，讓自己的專業形象建立一定的基礎。並提撥預算去建立官方網站，這是累積作品的地方，也是建立 SEO 的基礎，一年幾千元就會有效果了。若有接案的打算，最多再加上關鍵字的搜尋廣告，基本上就可以帶來一定的詢問量，至於其他的廣告就先暫時不需要，畢竟我們是以個人為基礎，並不是以公司行號為主，以專業內容建立形象即可，讓有需求的使用者自己上門。

　　以我自己的經驗來說，透過書籍的廣告和定期的閱讀流量，收過最多的邀請大多屬於公開講座、校園講座等相關的合作，其次是專案的承接、線上課程的分享，以及文章的邀約撰稿。

　　這些講座或公開活動都具有高度專業的內容，也是擴展自己專業廣度的機會，但有一個缺點，付出的心力與時間，跟收入不會成正比。唯有專案的承接，有機率可以長期配合，甚至延伸至其他客戶，保持一定的收入水準。

　　所以個人建議，如果對於往後的規劃已經有明確的目標，講座活動在初期需要耕耘外，越往後、比例就要越低，這些一次性的內容，比較難累積往後所需的成果。將這些觀念或內容，整理成文章作品或出版，更或是規劃成為線上影音素材，會是比較好的經營方式，並且可以帶來持續性的聲量和合作的可能。

　　若不以銷售為目標，將作品與資歷累積，將來在職場上也會相對提高自我價值，提升薪資水平。

　　一旦將專業包裝成商品販售，就要考驗自身的銷售能力，與產品的行銷企劃能力，這些成果每一個階段都能帶來機會，也都具有不同的挑戰，所以我們才需要去了解各種不同的廣告工具，讓自己的努力可以成為收入來源。

以品牌創業、銷售產品為目的

　　首先要先確認銷售的平台是哪種屬性，自建官方網站、還是外部平台，例如 MOMO、Yahoo，或是以拍賣屬性為主的蝦皮，這三種銷售的廣告使用目標都不大相同。

以自建官方網站銷售為主

第一、電子商務最重要的就是流量，必須自己創造流量來導客。

使用 FB、IG 粉絲團、Google 關鍵字廣告，創造穩定流量，沒有流量就沒有訂單。

第二、獲得流量蒐集潛在消費者的名單。

FB 的像素是官方網站銷售的重點，追蹤像素的點擊內容，用 GA 的數據去判斷。另外加上活動蒐集註冊會員的資料，最少要拿到 Email，有名單就能做再行銷，EDM 廣告預算便宜，效益又相對來的好。

第三、創造線上的內容行銷搜尋量。

以業配合作為主，建立消費者回饋、KOL、部落客開箱等推薦素材，在 Google 的搜尋上建立大量的網站信任度。一旦開始累積品牌資訊，也將網站內外的連結做好串聯，SEO 的長期效果就會開始發揮作用。

也請記得，在官方網站挪出一個選單，累積這些口碑推薦、消費者回饋的文字內容，每一頁的介紹都可以再連結回到購物頁面，讓素材發揮最大的產值。

最後，定期發布品牌的會員資訊，做好再行銷的會員服務。

FB 的像素再行銷、EDM 會員再行銷、LINE 好友推播行銷，是轉換率最高的銷售模式，前三項的步驟，都是為了建立這一個區塊的會員名單，創造鐵粉的最好來源。

以外部平台為主的銷售模式：MOMO、Yahoo、PChome

第一，銷售來源主要是平台的會員名單。

平台會提供每個月曝光檔期的活動規劃，可以跟窗口 MD 索取相關資料，依照你喜歡的廣告模式和適合的預算去採購曝光廣告，廣告費用會從每個月的貨款請款裡面扣除。

外部銷售的 EDM 行銷跟 APP 的每日推播都是最直接的促銷模式，也可以採購購物平台入口的 BN 版位，當然每個位置的價格都不一樣，露出方式也不同，採購之前記得要問清楚，避免雙方認知不同，導致最後的結果不如預期。

第二，建立內容行銷。

建立消費者回饋、KOL、部落客開箱等推薦素材，內容可以針對競品去做分析，強調優勢。

習慣在大型平台購物的消費者，比價、比產品的能力都相當好，要說出你的優勢是什麼，為什麼要選擇你，這些平台的受眾需要被說服，搶競品的客戶是最重要的生存能力。

第三，盡可能地創造與消費者交流的平台。

購物平台終究只是一個販售商品的地方，消費者有任何疑慮跟售後問題還是必須由品牌方自己負責，粉絲團與 LINE 官方的經營仍然不可少，要讓消費者找得到人，客訴安撫，是服務的重點。

蝦皮為主的類拍賣平台

第一、創造穩定流量

拍賣平台猶如大海撈針，雖然有搜尋選項，但因為品項太多，除非搜尋關鍵字非常精準，否則也很難搜尋到。

仍必須使用 FB、IG 粉絲團，創造穩定流量，自行導流消費者至販售網頁。

第二、將行銷預算轉化為贈品

增加跟粉絲團成員的互動，贈品與抽獎在社團的經營上有明顯的幫助，藉此來穩定客群流量及忠誠度，「FB 粉絲團+LINE 群組」是目前許多代購業者使用的模式，很傳統，但很好用，適合在創業的初期使用。

由於社群平台的內容是無法被 Google search 找到的，所以外部大多數廣告都不適用，將重點放在自媒體廣告，以及維護粉絲團與群組即可。

以上三種銷售平台的廣告投放方式，大多足夠應付初期的營運階段，若獲得不錯的成效，想再擴大銷售績效與行銷方式，需要看當時的規模與獲得的資源內容，再選擇適合的行銷工具。

畢竟每個人的狀態都不會相同，沒辦法直接套用公式選擇下一個模組，但起碼獲得一定的利潤後，更有本錢尋找進階的行銷工具。行銷這件事沒有一定的保證，所有的成果都是不斷測試出來的。

網紅業配的目的性，重點在於流量的串聯

現在不論什麼產品，哪種產業，都會找網紅、KOL 分享內容，甚至用比例來看，比藝人代言來的更高。

除了網紅比藝人更接近使用者，也同時具有某部分的專業背景，特定的主題內容與觀眾族群性，讓整體的效益會比藝人來的更好，交換彼此相似的粉絲，也一直是經營品牌最重要的流量來源。

網紅背後的粉絲其實並不認識合作的品牌，合作的用意就是企圖讓這些新的受眾認識我們，創造出新的流量，讓這些人去搜尋你的專業背景與產品，只要讓大家記住你，就是成功的內容。

而合作的當下，所產生的價值只是一次性的流量跟內容，其實這個對於品牌經營上沒有太大的幫助。我們要做的，是把這一次的經驗跟內容，做成故事性的陳述與見證，

盡可能的在網頁上面還原當時的成果與市場回饋，讓後續因
為搜尋找到我們的人，也能透過網頁上的內容，體驗到當時
的行銷成果，這才是 SEO 最重要的核心價值。

與 KOL 業配合作需要建立內容

現在大多數的使用者會用 FB 跟 IG 來做合作基礎，但
我個人還是強烈建議要在痞客邦、隨意窩、方格子等平台上
撰文，原因在於 SEO 的效果，這會直接影響往後經營的數
據呈現，一定要注意這個合作條件。

我們在 FB 跟 IG 不管做多少貼文跟素材，這些在
Google 搜尋引擎基本上找不到資訊，這跟我們建立內容行
銷的初衷完全偏離了，能夠留下過去累積的專業資源，才是
堆積實力的方式，這是現在很多使用者常常疏忽的地方。

市面上有專業、有影響力的人很多，只要 Google 搜
尋，就會出現許多分享與推薦。當你的專業形象沒有在網路
上堆積資訊，就算花了大錢砸了很多流量廣告，使用者搜尋
後只有一兩篇的體驗文章，甚至沒有客觀的評論，只有官方
自己說自己好，是你都很難取得信任了，更何況是其他的使
用者。

如何選擇部落客、網紅合作的判斷依據？

在選擇部落客跟網紅合作時，大多數業主喜歡挑流量高、轉單好的來業配，直接拿到銷售業績最實在，但什麼都好的合作就是貴。而且除了流量跟轉單，更要注意的是兩邊粉絲樣貌的契合度，才能創造更好的合作效益。

部落客與藝人的內容行銷，一直都是電子商務操作的重點項目，但現在點擊廣告的轉換率越來越低，顯示消費者開始注重品牌內容和產品本質，而不是廣告創造出來的假象或是名人的光環。

操作部落客、網紅效益的三個層級模式

部落客與網紅的合作業配價差很大，少則數千元、高則數萬元，一般的新創業者通常無力負擔大量的業配預算。可以先將部落客分為三個層級來評估，第一，高流量、高互動；第二，高流量、低互動；第三，低流量、低互動。

通常業主都會選擇最高流量與最高互動，來做為合作的首選，是最快速達到績效的選擇，但也是最貴的方式。品牌行銷預算足夠的話，這確實是短時間提高聲量、提升能見度最好的工具，大量的推薦與試用開箱，具有足夠的說服力說明產品優勢。

　　就算預算沒這麼充裕，這三種部落客都有各自的優勢，依照品牌目前的狀況去做規劃，就可以達到最划算的成效。

　　第一，**高流量、高互動的一線藝人、網紅**，可以短期帶入銷售，但在合作上通常限制會比較多，從發文時效的限制、圖文使用的方式、肖像權的發文都會有限制，如果要放寬條件，通常就是往上加價，對於品牌文宣再製作的自由度比較受限。

　　如果預算充足，也想在短期內衝高產品的銷售數字，這確實是最好的方式，但前提是品牌的資源和商品的購物體驗流程都要完善，否則砸了大錢之後，效果會不如你的預期。

　　第二，**高流量、低互動的業配合作**，價格居次，通常文章品質都算不錯，但與粉絲的互動就比較官方，或是直接轉由廠商回應，部落客互動的比例會比較少。

　　這種模式可以善用文章品質的優點，去強化產品的特質與消費者的痛點創造話題，在品牌推廣的中期是很好的選擇，價位也比較符合預算，但也不失導流的目的，由品牌直接服務消費者，得到的反饋也是最真實的，可以用 FB 廣告主的角度去執行合作。

　　第三，**低流量的入門部落客**，這些通常都是新手，或者兼職類型居多，品質與經營各方面相對來的差一點，許多業主會直接放棄選用，這並沒有不對，但在行銷規劃中，會是品牌初期很好用的工具，只要了解他們的優缺點，就可以達

到低成本高效益的成果。

　　新手撰文的技巧不會太好，但只要直接由官方給方向與重點，撰寫出實際的產品體驗過程，敘述方式越平凡、越單純越好，不需要特別的技巧，消費者閱讀反而會覺得很日常、很生活，完全不像業配。

　　由於是新入門的部落客，通常也需要廠商合作的機會，來多建立自己線上的聲量跟經驗，在合約的條件上通常較為寬鬆，價格親民外，照片素材的使用、文宣廣告的製作上都不大會限制，有些甚至不會設定文章時效，品牌操作上就變得有很大的發揮空間。

　　相較於高價的知名部落客，相同的預算上，初階與中階的部落客可以累積更多的產品內容，在網路上建立更多的口碑與產品的體驗文章。當消費者搜尋產品口碑與資訊時，網頁上可以列出兩三頁的閱讀量，就會營造出產品的熱賣及討論感，有這些眾多使用者的分享體驗，更能提升消費者的好感與信心度。

　　尤其使用者有一個特性，當我們對一項產品感興趣時，對於訊息的蒐集與判斷，會偏向正面的那方，容易忽略少部分的負面評價，尤其當頁面跳出數十位的部落客推薦，雖然大多可能都不認識，但，我們通常還是相信了。

尋找相似的觀眾樣貌，交換粉絲

　　回到經營的層面上來說，部落客與藝人的選擇，除了預算、流量、專業形象之外，最重要的還有粉絲的樣貌來決定是否要合作。

　　這些名人長期所經營的粉絲輪廓，是不是跟你的產品受眾有重疊，是不是能有機會把他們的粉絲也能變成為自己的粉絲，或是忠實消費者。

　　這需要觀察名人原本的形象特質，平時的經營是不是跟品牌有相似的風格，這個的評估重點不僅是年齡、性別，更包含受眾的興趣、過去粉絲團內購物的習慣與價位，這些反而是最重要的判斷因素，畢竟在商業合作上，最後的目的都是為了達到轉單，受眾族群必須要符合品牌特質，才有機會創造訂單。

　　如果花了大把的預算，結果受眾的特質完全不同，那頂多賺到的只是媒體報導的短暫聲量，不會激起任何的消費可能。

　　許多品牌在選擇合作對象的時候，大多是以目前的聲量和轉換率去做判斷的依據，這種方式沒有不對，就是一種最近誰紅就找誰的概念。

　　但是這樣的模式通常很貴，而且不一定跟你的受眾輪廓符合，雖然可以在短期內創造高度的討論度，但很難有實際的銷售收入，這樣的模式偶爾操作一下就好，不建議放太多

預算在這樣的合作上。

　　總之，部落客的選擇跟合作的模式，要先了解自己的內容和目前的經營階段。名人的行銷模式，是幫你打開這些素材對外連接的關鍵窗口，雙方合作上要判斷粉絲的輪廓，跟你原本所設定的受眾族群是不是有類似的樣貌，這樣雙方合作上才會產生最好的效應，彼此都是彼此的潛在觀眾群。

30

讓你更容易被搜尋得到

SEO 是搜尋引擎最佳化的簡稱，透過了解搜尋引擎的演算邏輯規則，把網站的內容優化到容易被系統顯示在最前面的排名。

要做好 SEO 就必須了解 Google Search Console
Google Search Console 又是什麼？

這是在 Google 系統底下，檢視網頁是否能在 Google 搜尋得到的工具，把你的網址貼到網頁內，它會告訴你這個網頁是否能夠讓使用者在瀏覽器搜尋到。

其實大多數的網頁都不容易被搜尋到，有可能是內容的關係導致分數過低，也有可能是設定上的錯誤，或是網站的 Sitemap 沒有上傳讓瀏覽器認識網站的架構，這些都是造成

網頁搜尋不到的問題之一。

如果網頁沒有辦法順利被找到，我們可以主動提交申請索引，等同將網頁送交 Google 上架的申請，核可後就可以在搜尋上找到網頁。

將網頁上架確認能被搜尋後，可以在後台定期觀察網站內的頁面是否正常使用，或是會持續增加錯誤的產生，當網頁有發生錯誤點，時間久了會讓瀏覽器搜尋不到，這篇文章或網頁就會變得沒有效果。

後台的操作使用難度並不高，登入你的 Google 個人帳號後，進入 Google Search Console 網頁花點時間去熟悉就可以了，這裡就不贅述操作的細節。

官方網站與商用銷售網站仍有區別

以經營官方網站的角度來看，整體網站的架構會圍繞在專業或產品的基礎上，只要頁面配置清楚，將合作過的作品、詳細的專業文字內容，分門別類整理好架構，標題分類清晰，足夠引導讀者，就不太會有問題。

但若轉換到銷售目的來說，因為網站本身重點屬於銷售導向，功能性與文案上就會傾向銷售話語，對於尋求專業內容的使用者就變得沒有效益，而且也會因為瀏覽時間降低，使得網站整體 SEO 的成果下滑。尤其我們不可能建立兩個

網站，將銷售與內容的兩個訴求分開經營，這不僅耗費成本，更需要消耗大量人力資源，除非是大型企業，否則不可能用這種方式。

內容與銷售兩者並存的折衷方式，我會在電子商務的購物平台上，開啟一個使用者回饋或是 KOL 開箱推薦的專區分頁，這個頁面就是專門拿來做 SEO 的流量來源，這也是許多品牌在銷售產品上常用的手法，同一個網站架構，讓銷售與經營內容的頁面分開，再設定站內的相互連結，不僅可以提升瀏覽時間，更因為站內的資源互轉流量，間接提升網站的整體經營分數。

SEO 是一種免費的廣告方式

網路使用者的習性，會透過主動搜尋，去尋找想要的內容，而點擊瀏覽的順序，通常也會按照排序去觀看。

當我們長期經營 SEO 的優化，就有機會成為搜尋後最上方的選項，大幅提升使用者連結到你的網頁的機率，只要能吸引使用者點閱，就有機會成為觀眾群。

網站內的文章分享，都是為了傳達專業的領域和產品特性，做了一連串的需求與情境，當我們創造了使用者的潛在欲望，以及解決問題的機會點，最後要讓讀者轉向支持自己，或是在產品銷售上買單，就會來的簡單許多。最起碼，

他也認識了你，未來再行銷的追蹤，也會是持續經營讀者觀眾的力量。

　　免費的 Google Search Console 對於建立個人專業的 SEO 是很重要的基礎，花點時間了解它，對於你的網站流量與合作機會會有所幫助，雖然需要一些時間管理，但數據會成為未來經營觀眾群的重點方向。

　　每一個業外合作的網紅、藝人都是為了可以提高曝光，建立各種行銷的內容，把這些過程做成一篇篇能夠獲得信任、獲得認同的網頁，透過 SEO 的排序去讓更多人認識你，這才是經營專業形象的主要方向。

31

提升專業履歷，
讓過去的合作夥伴成為助力

　　當我們從學校畢業，到職場上求職，每個人的履歷都是從一片空白開始，慢慢地一項一項增加，不斷累積各種不同面向的專業，致使自己的市場身價不斷的提高，最終目的都是為了取得更好的薪資與職務內容。

　　當轉換為專業內容的經營也是相同的概念，把每一次重要的專案內容、每一個業外合作的成果，甚至承攬過的接案紀錄，做成專業實力的成果展現，當時間越走越遠，履歷的項目不斷的增加，屆時不需要自己刻意去強調內容，觀眾自己就能看出眼前的每一個項目，都無庸置疑。

　　也就是說從過去至今所有合作過的內容，一項一項列舉，讓實際的歷練與戰功，建立專業形象與定位市場的價值。

尋找合作的夥伴

對於接案、與他人合作這件事，大部分人都比較陌生，並且對於提案這點會有壓力，甚至懼怕口語表達的能力，畢竟對於做內容的人來說，大都是屬於幕後的工作性質，鮮少有公開提案或在舞台上發言的機會，在這個階段大概就會有80％的創作者放棄。

過去的我，其實也在這80％之中，雖然知道自己有能力產出內容，卻卡關在這個階段真的是很可惜的一件事，而且心裡那個障礙實在很難跨越，就這樣白白浪費了好幾年，遲滯不前。

多年之後，也不知道為什麼，忽然間好像疏通了腦袋，又或者是臉皮厚了，我開始尋找平時工作上就已經熟稔的工作夥伴或廠商，凡有關企劃、文案、多媒體相關，甚至業務性質的朋友，去尋求合作的可能，畢竟都是已經熟識的朋友，在詢問與溝通上都比較沒有壓力，大不了就是被笑兩句罷了。

慢慢地從一個一個案子承接，逐漸建立專業的作品與口碑後，後期的數量也持續累積起來，到現在可以依照我的個人喜好去選擇專案的合作，不再是過去的照單全收。

在這個過程中，有時候會遇到比較知名的品牌，或是流量比較好的業主，有時候會有產品互換的模式，或是請求提供贊助的機會，這時候就要評估這樣的機會是不是可以有額

外的收穫，價格就不是必要的重點。例如提升曝光量，或者合作的執行單位非常響亮，這些都可以提升價值，在未來的個人專業履歷上會好看很多（過去曾執行過較知名的單位，有行政院農委會、經濟部工業局、能源局、國防醫學院、新竹科學園區、南部科學園區等專案，能遇上這些機會還有什麼好想的，價格就不再是重點，先做了再說，光是作品上的LOGO，就足以在履歷上鍍好幾層金）。

職場多年的時間，從單純的設計案，因為市場的變化，慢慢地擴張到行銷、電子商務、營運顧問等領域，持續接觸多項的專業，讓自己跨足不同的產業和不同的產品商業模式，這些過程不只是在工作，也是持續成長的歷練，獲取額外的收入時，也同時提升了我的產業廣度。

從陌生的市場上，一一拜訪、一一提案比價，對於大多數人來說是很困難的一件事，但若從身邊的合作夥伴開始做起，就會變得簡單許多。當不知道如何開始的時候，多問問身邊的工作夥伴、朋友，你會發現，正職之外兼差的人多的是，而且都在我們的身邊，只是默默在創造斜槓價值。

勇敢地跨出那一步，頂多沒錢賺而已，最差不就如此，有什麼好怕的。

尋找舒服的工作方法

當有了接案相關的經驗，一定會經歷過一些狀況，先不論自身的專業程度如何，就算大多數的合作案都可以保持一定的品質水準，但是有些東西怎麼做就是沒辦法做到水平之上，不管花了多於原本幾倍的時間與心力，就是無法達到預期的標準。

或許是自身的能力不足，也可能是與業主的溝通和期待有落差，更浮誇一點的來說，或許生不逢時吧，這個案子就是不適合自己，只能怪自己一開始沒有領悟，導致最後的成果大家都不滿意。

這樣的狀況其實不少見，只要是長期接案的個人工作者，都逃不了這個體驗，有沒有賺到錢是一回事，但這種情形會讓自己的狀態很疲乏，甚至會出現不想繼續這樣的工作型態，心累了，就很容易走不下去。

累積專業、經營自己，最重要的是時間，要讓自己能在同一條軌道上累積，最後才能堆積出成果。這些過程從無到有，最少需要兩三年以上的產出，而我自己花了五年以上的時間才走到這，雖然辛苦，但努力的結果並不會因為轉換工作而消失。滾石不生苔，讓自己找到最舒服的方式，能夠長期的經營下去，才是做出成績最重要的關鍵，寧可放棄會消耗自己的機會，也不要為了豐厚的收入，強迫自己做不適合的內容。

　　大多數人的工作累積，通常只要換了一個環境，就必須從頭開始，就算是在同一個產業，也會因為產品線、客戶的不同，重新再來一次。但我因為這些過程的累積，與各個合作夥伴的協力作品，就成為我未來在市場上取得專業價值的證明，不用自己說自己好，讓過去的合作夥伴與績效，成為自己最好的專業形象。

　　專業履歷的建立並非一朝一夕，縱使有人想超越，也需要大量的時間經營與資源的投入，才有未來收穫的可能，不僅比較實力，也較量工作的心法。

自媒體充斥詐騙，
如何判斷真假、拆穿陷阱

　　電子商務的轉型，變成詐騙購物的主要模式，尤其在自媒體上更是多到數不清，每次買東西都要先看看到底是真的還是詐騙，弄得實在有夠累人。

　　而詐騙購物的習性也一直在進步，更會將藝人網紅的大頭照設為主要頭像，意圖誤導消費者是名人代言、或本人銷售，這樣的詐騙手法，很常吸引上了年紀的長輩下單購物，而且金額都不算小。

　　但我怎麼都不記得小時候要跟爸媽騙零用錢有這麼容易，通常很快就被拆穿，還會遭受到毒打一頓，最慘的是，零用錢還沒有拿到，結果詐騙集團輕而易舉的就得手了，看來我們還是天真善良的那群人，這是唯一的自我安慰。

　　要經營自媒體，我們就要懂得判斷這些詐騙的模式，雖然他們真的很厲害，很懂得掌握人心，但為的不是學習他們

如何詐騙，而是避免讓自己像一個詐騙集團，這跟本人拿著身分證去戶政事務所，還要自己證明證件是正本一樣，有夠荒謬。

拆解詐騙購物的驗證方法，其實只要多幾個搜尋的步驟，基本上就可以排除大部分的疑慮，這對於網路重度使用者來說是輕而易舉的事情，但對於長輩和學生族群就需要去習慣這些驗證的方式，來降低受騙的機率。

購物詐騙主要出現於一頁式的購物網頁，特徵：產品銷售頁面非常多的浮誇文字敘述，以及名人的推薦，目的是為了強化產品的信任度，但這樣很容易出現文法不符的狀況，或是不小心出現簡體字的問題，這都是很明確的詐騙特徵。尤其在於連絡方式通常僅提供 E-Mail，不會提供更多的溝通管道，例如找不到客服電話、LINE@ 官方帳號等，像這樣的表徵就要非常小心。

三步驟降低被詐騙的機率

檢查官方粉絲團

首先，先到官方粉絲團去檢查過去的貼文、粉絲數量、創立時間等，這三者是否有吻合廣告銷售的產品內容，過去的內容發布是否建立在類似的屬性之上，如果有，再繼續往下檢查，如果沒有，那就幾乎可以判定是詐騙購物。

　　若有網紅與藝人的推薦，也可以直接到網紅的粉絲團去尋找有沒有合作的貼文，或是直接發文詢問當事人粉絲團，原則上到此就可以有答案。

尋找其他可聯絡的管道、官方網站

　　若粉絲團沒有明顯的特徵，就去尋找銷售網頁上相關的品牌資訊，例如客服電話、LINE 官方、官方網站等服務，詐騙的聯繫方式通常僅有電子郵件，不太會曝光其他更多的聯繫方式。一家正派經營的公司，都會想盡辦法讓消費者主動找上門，不可能把聯絡方式設定的這麼嚴謹，怕人找，通常都有問題。

　　這些雖然不能完全保證可以判定為非詐騙，但是要經營其他的平台跟管道，需要大量的人力與時間去維護，詐騙購物通常不會做到這裡，內容建立需要時間跟資源，若是詐騙行為，根本不符成本，能讓使用者越難找到越好，這是詐騙的一貫習性。

　　強調一點，網頁上 Google 出來的開箱、推薦，或是 SEO 的內容，對於詐騙購物的參考依據沒有任何幫助，隨便寫寫幾篇亂七八糟的推薦，或是幾篇說產品好棒的開箱文章，這些東西很簡單就可以做到，所以類似的網頁所呈現的資料，不具有參考的價值。尤其內容的豐富程度，很輕易的就能辨識出真假。Google 評論就更不用說了，機器人大軍就能做到的事情，就忽略它吧。

尋找營業登記的相關資料

只要能找到相關的營業登記資料，基本上就不太會有問題，如果顯示資料已經暫停營業，卻仍在銷售，就能證明100％是詐騙行為。

但也曾經看過詐騙集團直接抄襲仍在經營的店家資料，直接在網路上販售商品，實際的店家卻沒有販售這樣的產品，導致客訴不斷，但是這通常很快就會被拆穿，能創造的詐騙獲利也不多，所以比較少出現這樣的狀況。

另外也有些企業，註冊登記的名稱跟品牌名稱並不相同，這樣就很難將找到的資料對應上，只能尋求從營登項目去尋找蛛絲馬跡，或許有值得參考的資訊。

若要萬無一失，可以先透過營業登記確認商家資訊，再用官方的聯繫管道或客服電話確認是否有人服務，基本上就可以排除掉大部分的詐騙購物網站。只要牽扯到需要金流或者購物的網頁，衝動消費前，先檢查以上三項內容，基本上就很難落入詐騙集團的陷阱。

相對地，經營內容的我們，更要將這些資訊完整的列出，讓自己可以有證明的機會，若正版的被認定是仿冒，仿冒的反而流量來的更好，那豈不冤死。

好好的一個電子商務弄得這麼複雜，出現大量的詐騙購物，也是因為銷售門檻降低，或是說根本就沒有門檻，人人都可以是專家或賣家。

但以市場機會來說，也因為環境變成這樣，反倒每個人

都有能力創造機會，關鍵就在於怎麼取信使用者，如何讓自己的專業能夠獲得認可。反推這些詐騙行為的做法，想想自己在購物時，會如何解決這些疑慮，朝這個方向去建立網頁資訊，自然就可以排除這些狀況。

最後那些陳腔濫調、老掉牙的信用卡分期，提款機退費之類的低級詐騙就不提了，現在應該沒有人會笨到相信這些手法，如果你身邊真的有這樣的朋友，未來你可以考慮多賣點商品給他，畢竟肥水不落外人田。

廣告投放不是商業模式的靈丹妙藥

投放廣告之前要了解的第一件事情就是：廣告不是萬靈丹，不可能治百病，更不可能一次滿足所有的商業需求。

廣告無法解決商業上的根本問題

許多人認為廣告能夠治百病，只要投入行銷預算，就可以將產品起死回生。

但任何的行銷目的與工具，最終的效益都是協助商品將優點放大，提高品牌曝光度，讓更多人知道商品的存在，聚焦在商品與使用者中間的溝通管道，讓消費者接收到產品最好的一面。

但如果商品本身就不夠具有競爭力，無法讓消費者停

留，或是與其他競爭品牌無法區隔出差異，又或是購物體驗不佳，這種商業模組的問題，並不是仰賴廣告帶進流量就可以徹底解決的。

　　商業競爭的基礎建立在產品的定位與企劃，相似競品的市場區隔，商業模式的服務內容，都是影響使用者的原因。網路上的資源串聯和品牌信任度的基礎，更會直接影響使用者瀏覽內容的時間長短。當績效不如預期的時候，要先回頭檢討內容，將產品的市場價值與信任度提升，最後才是廣告效益的執行評估。

投遞廣告不能任性的說「我全都要」

　　廣告沒辦法一次滿足所有的商業需求，一個剛推出的品牌新品，會同時希望有很多使用者知道有新品上市（曝光），希望使用者願意花時間了解產品細節（流量），更希望可以賣得不錯（轉換），當然最好這些消費者可以不斷地回購（再行銷）。但當預算不足，而只能投遞一種廣告目標的時候，就必須取捨，選擇現階段對品牌來說，最重要的商業目標來做為執行目的。

　　廣告投遞也是有必要的邏輯和目標，不可能只用一筆預算、設定一組廣告組合，最後要求廣告的成效要包山包海，又要增加品牌知名度、帶進網站流量，又要立刻轉單，達到

業績目標。如果為了節省預算，操之過急跳過前置作業該進行的步驟，想快速的拿到成果，通常只會適得其反。

如果只投高轉換率廣告行不行？
答案是不行。

高轉換率廣告，也就是訂單轉換率最好的廣告。

高轉換率的廣告，也是透過流量廣告一層一層篩選出來的，要有這些高轉換的名單可以使用，就要從陌生受眾開始經營，需要各個階段的品牌資源去鋪陳。

而且只對這些黃金名單投放，投放名單終究有使用枯竭的一天，必須持續的增加新流量才是長遠經營的觀念。

投放轉換率最好的像素再行銷廣告，同時也必須投放導入新流量的觸及廣告。

最大多數人使用的廣告投放平台，就屬 FB 和 IG 的社群廣告，只要經營過粉絲團的小編，肯定都投過廣告，差別只在於是在企業管理平台投放，或是在 FB 前台會推薦你的「加強推廣貼文」按鈕。

看起來都是投放，但「加強推廣貼文」相較起來更簡單，只需要跟著導引步驟就搞定了，又何必搞這麼複雜到企業管理平台去做設定呢？

其實把投放廣告的流程簡易化，用意就是要你付錢付得更快而已，我們團隊裡笑稱那個「加強推廣貼文」的按鈕

是許願池的開關,當你想要什麼就扔點錢下去,許個願,然後心存善念的等待,最後的結果就跟我們看到流星許願時一樣,什麼都沒有改變。

臉書後台的企業管理平台,有很多在 FB 前台頁面上看不到的投放細節和數據表現,如果不知道怎麼找到窗口,直接到 Google 搜尋 Meta 企業管理平台,就可以進去這個服務系統了,但前提是你必須要是粉絲團的管理員,也必須建立一個投放廣告的帳戶,這個帳戶會要求綁定金流,唯一的付費方式,是必須綁定個人信用卡扣款。

後台的設定系統最主要的重點除了可以匡列興趣、必須符合的使用者條件,不是只有年齡、性別、地區等大方向。最重要的是可以排除你的粉絲、跟你互動過的使用者,直接找到完全不認識你的新客戶。

更可以直接把廣告投放給你的粉絲,或是曾經到過你的網站的使用者,直接跳過不認識你的人,執行經過像素追蹤的再行銷廣告,創造最好的高轉單率的廣告效益,這個方式很適合在週年慶,或是各大檔期的促銷活動,直接給老客戶最優惠的內容。

臉書雖然大多數屬於初次流量的廣告,但是在後台的像素再行銷設定,是提升轉單率最好用的操作方法之一,也是各家品牌可以在 FB 賺到錢的最主要原因。

若只單純要靠新使用者的廣告去創造業績,基本上很難達到預期的效果,當大家都還不認識你的時候,就要對方直

接花錢買東西，這樣的受眾消費者實在不多。但這卻是大多數人使用廣告的方式，才會導致最後的效益都不太好，直接放棄自媒體的廣告操作。

　　觀念，是操作廣告最大的心魔，沒有那種砸錢就能賣爆的商品，所有的獲利都是慢慢累積來的成果。

產品的市場定價模組

　　這篇內容收錄在我第一本書《市場買單，你才叫品牌》裡，雖然這本書已經絕版，但會再次收錄這個篇章的原因，是因為當將來要走向電子商務銷售產品時，這個結構會成為獲利的關鍵基礎，也同時可以檢視自己的產品成本是不是合理，是否具有市場競爭力，以及考驗商品存活的能力。

　　產品定價首重消費者定位與市場定位，競評分析、生產成本、產品毛利、通路抽成、隱藏通路成本，以上缺一不可，錯誤的商品定價策略，即使產品熱銷也會使公司難以獲利。

　　產品定價是一門有趣的藝術，高單價不一定等於高品質、高毛利，平價商品也不一定品質粗糙、需要犧牲毛利，只要你用得喜歡、用得舒適，就是好商品。尤其現在銷售通路眾多，只要上線搜尋一下，就可以馬上知道哪個平台的價

格最優惠，只要你有需求，馬上就能買到當下最划算的價格。

產品定價的基礎，來自本身的成分、品質、專利、特殊市場話題等，最重要的是藉由競評分析去評估產品本身的定價是否具有市場競爭力，從價格、成分、質感、品牌識別度、話題廣度去端看自家產品位於何等層級，再回推初始的消費者定位收入族群，是否足以支撐產品的價位。

如果發現定價高於主力消費者的能力，抑或是高於其他知名度更高的品牌，那你的商品製造成本肯定出了問題。但如果為了競爭力而刻意降低售價，造成產品毛利降低，縱使熱銷也難以獲利。

通路成本與抽成，超乎你的想像

許多人以為經營電子商務可以大幅降低營運成本，但實際上並不是這樣。

販售的通路各自有不同的成本結構，實體通路先不論單品項上架需要數萬元的上架費用，而進價低至售價的兩至三折也已司空見慣。

而大型的電子商務購物平台的銷售抽成普遍在 25％～45％，每月再扣約 10％～ 15％的行銷贊助金、物流處理費、包材費、平台服務費……這些是常被忽略的隱形成本。

看到這裡，是否覺得都給通路賺就好，但這就是現在的

銷售市場，低成本、高抽成已成為現在的銷售型態。找到你的主力消費者輪廓，以及他們喜愛的、慣用的銷售通路，嚴謹評估所有的成本結構及費用，還是能有一定的獲利，畢竟通路也不能把廠商吸乾，否則往後自己也會斷炊。

市場上常見的商品定價方法

列舉市面上常見的幾種定價方式，尋找適合自己的定價法則。

成本加價定價

這是最基本也比較多人使用的訂價方式，概念很簡單：

商品成本 × 通路成本 × 預定毛利 = 最終售價

舉例來說，商品成本：原物料 100 元＋人事 30 元＋攤提 20 元 =150 元，通路成本 40％，預定毛利 30％，150×（1+40％）×（1+30％）= 273 元，稅後 286 元，這種定價方式雖簡單，但容易忽略一些營運成本，看似都加上去了，最後財報有可能會不如預期。因這個方式容易忽略了報廢成本、退貨成本、行銷成本等額外預算。

市場導向定價

此種訂價方式則是以競評分析為立基點，透過訂價比對方高或低達到不同銷售目的。若價格高於市場，等於告訴顧客，自己的產品比其他人品質更好，所以售價較高；當訂得和同業相符，意在保持競爭力的同時，實現利潤最大化；若低於市場價格，那就是想靠著低價策略搶市占率，吸引價格取向的客群。

每種方式各有優缺點，使用時得知己知彼，倘若對手的商品品質明顯比較好，自己的訂價卻與對手相當，更沒有好的行銷立基點，則容易會被消費者淘汰，或是降低品牌信任感，不僅沒有達到銷售的目的，反而得到負面印象。

簡單來說，一個商品的市場訂價範圍在 500 至 1,000 元，若你的商品定價為 1,200 元高於市場天花板，那麼你得告訴消費者，為什麼。對於銷售來說，這很難，真心不建議突破市場的天花板。

犧牲定價

為了吸引買氣，將商品定價在幾乎沒有利潤、甚至虧本賣的水準，這個原理很單純，將入門商品設定為低價策略，吸引顧客引進流量，當流量導入吸引購買後，再推廣其他高毛利的主要產品線，進而提升客單價與銷售毛利。

但並不是每一個流量都可以達到目的，畢竟客戶是因為價格取向而來，能夠吸引他們的只有「價格」，要如何提升

消費相關性的產品，在商品的活動規劃時，就必須預測流量帶來的客群是屬於哪種消費習性，將他們可能會買的商品一起綁定曝光，盡量的「順便」賣給他們，來提升整體的營運毛利。

定錨定價策略，創造「真的很便宜」的心理感知

這種定價方式常用在於多入的組合上，多買多便宜，屬於消耗品常態式定價；或是將自家相同類型的商品，把進階版的定價設定與前一版本相同甚至更低，就會創造消費者心理的促銷感受。

大部分產品在通路上已經有同屬性的競品在架上，定錨售價在市場上其實已經替我們做好了，可以順勢用定價策略達到行銷手段，例如：「同樣 MIT 產品，我們只要 80％的售價」、「相同專利成分，我們只要 85％價格」、「相同價格，為什麼你要放棄日本製造選擇中國製品」。了解市場，利用現有資源或市場模式，定位自家的商品價格，找尋你的目標客群，別人的客人，也可能是你的消費者。

以上各種方法，都可以嘗試去找尋最適合的定價模式，只要你賣得掉，訂多少都不是問題。當產品銷售不佳，或財報出現赤字，就很可能與產品定價有關，因為訂價也必須考量到通路折扣與進價的問題。

我常用的定價公式

綜合各種定價的優缺點，我個人慣用的產品定價法則，**「產品淨成本乘上 4 到 8 倍」，即為商品末售價格，創造一個屬於我自己的習慣，也更簡單判斷的訂價法則。**至於為什麼，嘗試將你的製造成本反推，你會發現其中奧妙。

列舉市場案例來說，大多數的電子商務平台，總進價成本約略落在售價的 50％（商品進價、行銷贊助金、物流處理費、包材費、平台服務費總括），也就是處於對折的狀態，而這是產品在正常銷售檔期的價格，若將市場背景轉換到春節、母親節、週年慶、雙十一等節日，最大的折扣幅度大約落在買一送一，這時候你的商品進價就會只剩下 25％。

也就是說，如果你的產品末售設定在淨成本的 4 倍，你最好的狀態就是打平而已，而且很有可能因為稅務的問題，讓整體的銷售處於虧損的狀態，也等於賣越多賠得越多，那這樣的銷售模式一點都開心不起來，更完全不會想走促銷的檔期。但現實是，通路不會給你太多商談的空間，想獲得曝光、想取得銷售機會，就只能跟著市場導向走。

最好的定價範圍約略在淨成本的 6 倍左右，會是比較好的商品操作價位，就算遇到年度的銷售大檔，也可以配合通路的需求去創造流量，最起碼不會賠售。另外，為什麼要提高到淨成本的 8 倍來定價，這要看產業需求去看狀況擬定，例如保養品、保健品這種高毛利產業，通常會設定到 8 倍，甚至更高的水準，所以在市場上看見這些產品線有時候出現

二到三折的大促，都不足為奇。

　　想了解自己的產品線有沒有競爭力，更可以用這個設定的方法去評估市場價值，當你使用 4 到 8 倍的定價模式產生價格後，再與市面上的同位階競品去做分析，如果取得價格優勢，那在切入市場時會相對來的輕鬆。

　　若價格明顯高於同位階品牌，甚至達到一線品牌的水準，這樣在成本結構上肯定有問題，請再回頭檢視所有的成本結構是否有修正的空間。若沒有，建議調整產品線的內容，或者乾脆直接放棄，對於你的負債數字會有直接的幫助，畢竟賠錢的生意沒人做。

　　這是我在市場多年的經驗，或許你也有屬於你自己的經驗值，可以做更好的定價模式，只要銷售能獲利，怎麼定都沒關係。但若你還沒找到你的公式模組，不妨用以上方法去嘗試看看，終究會找到適合你自己的方式。

第 5 章

成功的心法，來自
市場認知與紀律

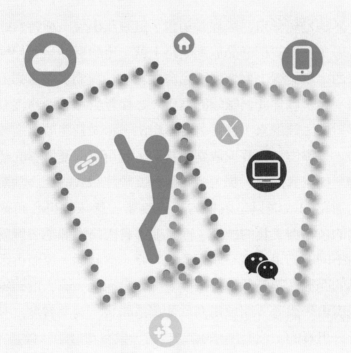

35

電子商務不是
商業轉型的特效藥

　　無論是經營自己或經營銷售，這幾年出現一種特殊的經營心態，「只要把商品放到網路上就一定會賣，只要把線下的東西，拿到線上操作就一定會爆紅」。我們很常看到一堆販售平台、教你如何賺錢的廣告，好像經營電子商務沒有門檻，只要丟錢進來，就等著財富自由。但做銷售哪有這種便宜事，只靠廣告預算或放到網路上，就可以改變原本的經營劣勢，如果真的有，那大多數都是屬於詐騙式的浮誇話術。

　　通路的改變只是販售的管道改變，意味著也必須提升銷售的技巧與工具的技術，而且並不會因為換個地方賣就會產生不同的結果，這不僅不會改善原本的狀態，反而會因為技術的門檻，讓整個執行難度變得更高而已。一大堆的線上系統廣告，說著「開啟電商就能創造銷售，商業轉型沒有門檻」，但真的，沒有門檻嗎？或許，只有花錢的時候是。

　　數位轉型不是每個產業都能做到，也不是每個轉型的都能成功，失敗的更是多到數不完，只是沒有列出來給你看，讓你以為只要上線了，就能創造奇蹟。尤其電子商務與自媒體形影不離，要做好電子商務，自媒體是經營的關鍵。

　　做電子商務前，先評估你的轉型目的，以及後續接手的經營團隊能力，若沒有團隊持續運作，就只是浪費時間、浪費成本，買你一個現在的心安而已。

　　自媒體平台，是資訊串聯的中繼點；
　　先設定目的，再決定串聯的形式與內容。

　　以目前的自媒體經營定位大致上分為兩種，其一是非常注重貼文的點讚數和分享數的經營者，這個觀念原則上沒有錯，自媒體與線上平台本身就需要觀看者才能持續下去，流量本來就是做銷售、做商業轉換的基礎，但很多觀看者大多數都是來湊熱鬧的居多，當未來取得商業合作的機會時，就會發現轉換率的效果會有相當大的落差。成為粉絲，不見得就是你的潛在消費者，因為當初的經營目標就是以博眼球為主，內容並沒有延續相關的產業知識與商業價值，自然會產生這樣的結果。

　　另一種經營模式，是運用自身的專業背景，在特定領域將各種資訊持續的解讀與分享，吸引特定的觀看族群追蹤，雖然這種自媒體的追蹤數與文章分享數量會遠低於上述的經

營模式，但未來只要有商品合作的機會，轉單的效果會是第一種的數倍，甚至數十倍。兩者相比，雖然後者輸了面子，但卻贏了裡子，這也是未來廠商持續合作的評估標準。

自媒體只是資訊串聯的中繼點，在你平時的貼文與內容產出時，就已經定位了未來的基礎。

用反向的經營邏輯去安排內容

以我自己為例，如果書籍的著作與公開文章，目的是取得公開收費講座，或是線下的實體課程，那自媒體的經營內容就必須建立大量的實體公開紀錄照片，以及課程內容帶來的成果與效益，與讀者互動建立交情，是未來轉換的重要依據。同時也可以邀請產業中的名人，一同分享產業內的訊息與商業變化，這些都是以實體線下為主軸的經營方式，而自媒體的經營反而成為廣告流量的來源，穩定獲得名單、定期的開立實體講座與課程分享，就會成為最主要的經營目標。

實體的講座與課程，通常會比經營線上來的更容易取得企業合作的機會，擔任企業顧問是最常見的邀約，若你也喜歡這種不同產業的挑戰，那這種模式會很適合你的職涯走向。

但這個商業轉換需要評估人的因素，有些人對於舞台並不一定感興趣，天生就是屬於幕後的特質，能在專業領域上發揮，也並不一定能在公開場合論述這些內容，尤其當舞台

魅力沒有一定的經驗累積，效果反而會大打折扣，所以必須將這些因素一併納入評估。

　　若以電子商務的經營模式，就回到本書中所提的重點主軸，展示作品和建立公開的平台資訊，將取得信任度為最主要的重心。

　　作品的呈現上，放在往後想推廣的產業與商品市場，不論專業內容或者技術狀態，把各個面向的市場分析與評論逐篇介紹，讓你的受眾對於未來你想推出的商品有基礎的市場認知，爾後若有機會推出產品時，自然會收到不錯的成果。

　　對於較低的點讚數與分享數，就以平常心看待即可，這些數字不代表帶來的商業價值就會比較低，只有廠商與自己知道，這些數字帶來的成效如何。專注於特定領域的內容建立，比為了博得眾人眼球來的更有效率。

數位轉型後的執行團隊要建立完整

　　無論是哪一種數位轉型的目標，如果沒辦法自己操作，又要短期上可以達到成效，通常會以外包的形式交給外部的專業團隊執行。尤其建立一個新的團隊本來就不是一件簡單的事，再加上又是自己不熟悉的領域，更是需要花時間去摸索。所以由外部的專業公司建立基礎，不僅快速又有效率，也可以明確了解經營團隊需要哪些專業的人才。

營運基礎完成後，仍必須建立自己的內部團隊，如此才能穩定品質與後續的維護經營。長時間的由外部人員經營，時間久了，會變成績效導向，簡單來說，就是只看業績，不會在意後續衍生的效應和品牌價值等問題，通常最後受影響的也還是自己，所以在外包的同時，也必須同步建立未來接管的人員。

能夠延續轉型後的經營模式，才會顯得有價值，也才有機會創造更多的獲利與商機。而無法延續的轉型銷售，只會成為過渡期的做法，就算具有一定的商業機會，都不值得花太多時間與財務成本。不要只是為了心安，花了一堆錢去跟風轉型，最後反而造成更大的財務壓力，要能持續經營，才值得做。

找到轉型成功的同業，模擬它的經營模式

如果不知道該如何建立自媒體內容，如何將內容轉換成商品模式，可以去搜尋同業中成功的範例，列出明確的經營優勢點。如何達到使用者的認同，如何做到轉單的效益，以及做了哪些額外的廣宣和曝光模式，再來評估自己目前的經營狀態，補足缺少的、凸顯現有的優勢，去模擬其他成功的自媒體樣貌，在初期的建立階段是最快的成長方式。

在這個過程中，會發現自己的轉換內容會與同業有落

差，有可能在於專業導向，也有可能是個人的特質不同，這時候調整後的內容就會成為你與其他人不同的市場競爭力，弱點就不一定是缺點，也可能是未來切入市場的機會點。

轉型最大的差異在於工具，商業模式與經營觀念基本上沒有太大的差距，工具上的進階，本就是商業市場進步的證明，跟上腳步也是經營的必備條件。

但如果市面上找不到相關的產業內容，或許有可能你是第一個，但這個發生的機率偏低，絕大多數都是因為代價、難度太高，達不到應有的效益，所以最後沒有人介入。

找不到成功的案例，先評估是自身的問題、還是產業內的共同問題，電子商務只是一個通路工具，不是轉型的萬靈丹，更不是提高網路廣告預算就可以解決的事情，這時候要做的可能就不只是通路轉型，而是產業轉型。

36

自媒體大量品牌廣告的
背後意義

　　我們都看過很多在自媒體與網路平台上大量投放廣告、大撒行銷預算的知名品牌，它們創造了產品的熱銷感，讓所有觀看者趨之若鶩，好像不趕快買就要沒貨了，但真的這麼好賺嗎？

　　事實上大多數的產品廣告，連廣告的費用都賺不回來，更別說產品本身的製造成本，以及整個銷售檔期的獲利狀況。

　　既然投放廣告注定賠錢，那為什麼越大的品牌行銷做得越大？還是預算投入的越高就越容易成功？

　　其實他們要的不只是訂單，而是整個品牌聲量的討論溫度，讓所有的品牌網路資源可以獲得串聯，最重要的，是在廣告之後可以追蹤潛在的消費者名單。

　　資本雄厚的知名品牌，每年都會在各大平台上分配各項行銷預算，因為這種鋪天蓋地的廣告投放，會讓一般消費者

產生熱賣的觀感，打從心裡認為這些產品取得了所有人的認同，造成搶購，進而讓自己去認識產品、關注品牌，達到品牌認知的這個條件。

如果有做過自媒體廣告投放的行銷人或業主都知道，要穩定每一檔廣告達到損益兩平就已經是不簡單的事情，若要穩定獲取一定的收益，如果沒有靠大量的會員名單或可以精準投放廣告的受眾，基本上不太可能達成。

大部分操作廣告的最終目的都在於轉換率和成交率，但越知名的品牌，反而越重視名單的蒐集，它們不會將廣告收益與當下的銷售數字做為唯一的行銷績效評估，反而更重視的是有效的名單資訊，最終的目的是在於未來的精準流量的廣告投放。

什麼是精準流量？

除了自媒體廣告的再行銷之外，手機簡訊廣告、EDM廣告、APP 的推播廣告、Google Ads 的再行銷廣告、LINE的官方帳號推播，都是精準流量的投放工具標的。

再行銷流量與初始流量的差異在哪？

「初始流量」屬於廣泛式的廣告投放，例如電視廣告、廣播廣告、電子商務的 FB、IG 社群廣告、Google 聯播網廣告、YouTube 的影音廣告……凡是第一次接觸使用者的廣告模式，都屬於初始流量。

「再行銷流量」的共通特點，就是必須要使用者觀看廣告、回應、按讚等行為，或是請你留下個資，才會將這些數據累積到廣告主的後台資訊。或是你曾經使用 Google 來搜尋的關鍵字，系統可以透過你的個人喜好目標，演算出你可能會喜歡的廣告內容，以及購物的偏好品項，找出最適合你的產品，將最有可能成交的商品介紹給你。

再行銷流量的廣告直接觸及，可以大幅降低後續的行銷費用，也能將收益與毛利持續提升，彌補初始流量產生出的行銷赤字。因此大型品牌長遠的會員名單累積下來，行銷內容不論怎麼做，獲利的機會就遠大於虧損的機率。

新客戶的名單，大多經由社群平台取得

名單的蒐集方式有很多種形式，廣灑廣告的觸及方式、互動式的按讚留言分享、影片類型的觀看、故事類型的文章、知識型的訴求……各種不同的形式，所有的貼文、影片

廣告行為都是為了讓你點擊留下網路痕跡，後續就可以持續對你發送第二次的廣告內容。

這些點擊的內容就成為你的個人喜好資訊，再變成各家廠商的新客名單，利用行銷漏斗篩選出具有消費能力的主要客群，再深耕成為品牌鐵粉。

蒐集行為數據與使用者資料已成為各大品牌的經營目標，也因為這個商機，市場上有一種公司專門在蒐集使用者的 DATA，並用這些 DATA 打造客製化的 AI 首頁，提高營運的績效。

這個 AI 技術會持續的追蹤你在網路上的任何行為，到訪過的每一個網站都會跳出請你授權的按鈕，通常我們不太會看授權內容，直接「同意」後繼續瀏覽，使用者輪廓就會被 AI 技術刻劃出來。當平時收到莫名的廣告訊息時，其實都是我們將自己的個資同意「洩漏」，販賣給了 AI 科技。

現在社群媒體的再行銷與 Google 再行銷已非常成熟，未來每一個使用者到同一個網站後，所看到的內容都將會不同，將成為客製化模式，只給你看你會買的內容。

「精準再行銷」依照會員不同的喜好，由 AI 自動選擇再行銷的投放廣告內容。也就是說，每個人收到的圖文推播、廣告訊息、EDM，內容都不會相同，系統會依照你近期的瀏覽喜好，給你所需要的產品，使得投放廣告的效益上更加精準，就可以提高轉單率，大幅降低廣告的行銷成本。

雖然現在都還必須仰賴企劃人員去調整細節，未來，廣

告設定只會越來越方便，只要有名單，將一切都交給系統去進行運作。

各個品牌的廣告投放，目的都是在蒐集我們每個人的喜好紀錄，以及可能購買的內容，市場上誰擁有更多的潛在消費者名單，就擁有更高的品牌價值。

這不僅僅只是為了銷售，也是為了開發更多新品，以及判斷使用者的潛在喜好，找到更多品項讓我們去消費，創造業績。

如此一來，擁有最多名單的企業，將會占據市場上各個產業，並不斷的提升品牌市占率。

突破創作困境，結合異業，創造曝光機會

經營自媒體或個人品牌在一段時間後，通常會碰上撞牆期，不僅觸及流量會下滑，連自己的常態發布內容都會感到疲倦、乏味，以至於開始降低貼文的頻率，甚至逐漸放棄。

而我自己也會有這樣的狀態產生，並且是週期性的循環，每經過一段時間，就會有相似的症狀，跟職場倦怠有異曲同工之妙，一開始就真的隨著心裡所想的，休息一陣子，後來發現這樣不行，這越休下去，反而惰性越高，最後只會把自己弄沉而已。

改變工作模式，突破創作的困境

產生困境，其實大多數的狀況都是因為找不到新的火

花，找不到新的切入點創作不一樣的內容，久而久之，對於相似的內容就會疲乏，最後很容易就直接放棄。

若遇到這種時期，有兩種調整的方式可以去轉換心態，一個是尋找受眾相同的異業合作，另一種是將工作型態用區分時間性的方式執行。

以我自己的工作內容為範例，我將設計專案與文字撰寫兩種工作的形式分開。舉例來說，設計專案的執行，每年的 12 月至 2 月的時間，大多是停止的狀態，除了這段時間大多是結案的季節，以及年節假期與年度規劃的排程，剛好並不會有太多的專案執行，就成了我進行修整心態的階段。這時候反而是我全力專心在文字的整理上，將過去一年的資料，整理到自媒體上，或是整合成投稿與出版的內容。

而文字的工作，大約會在 4 月至 6 月時暫時喘息，讓自己的腦袋可以完全的排空，或是進行線上課程進修，也好累積未來下半年的產出能量與話題蒐集。這樣的工作形式，可以讓我在各個專案上都能獲得一定的休息時間，也可以當成年度歲修的概念，調整自己的工作腳步。

這樣在一整年的工作排程上，就不會產生一成不變的感受，某一段時間衝刺專案，在另一段時間可以整理作品、再次呈現與紀錄，這樣週期性的方法，我發現不僅可以改善倦怠感，在思考與執行兩者相互交叉之下，更可以釐清自己每個時間的狀態和工作的延續性。

思考，反而是執行工作很重要的前置作業，如果只拚了

命去做，常常會不知道自己缺乏哪些內容，或是如何將各種資源串聯。

我們不是企業團隊，很多事情必須靠自己的整合能力，將所有資源都串接在一起，讓努力的每一件事，都可以將作品呈現出最好的狀態。每一次努力的成果，都值得被看見。

結合異業，創造曝光的機會

當已經能夠適時調整自己的工作狀態時，再來需要的就是市場創作的技巧。

當創作無法創造新鮮感的時候，就會讓經營的熱情冷卻，有做銷售的，銷售面的業績自然也就會下滑。

碰到這個瓶頸時，可以尋找市場上相似的受眾品牌，創造異業合作的新鮮感，可以改變短期的經營內容與話題。當一樣的產品，碰上了其他品牌的理念結合後，就容易附有一個新的故事。

況且線上有許多剛興起的經營者，不只業主需要有人協助曝光，新的自媒體經營者也需要素材創造內容，發布作品。

嘗試多找一些具有特色的自媒體經營者合作，不管是高質感的拍攝手法、具有特色的口白說明、或是高難度的剪輯後製，只要符合自家品牌的特色，都可以嘗試合作。這些對外合作的素材，對往後品牌經營來說是非常好用的工具，

而且預算通常不會太高，說不定還有品牌資源互惠的交流機會，讓彼此都有素材可以持續創造討論聲量。

經營品牌，所選擇的合作對象沒有一定的標準，合作上盡可能的凸顯雙方的優點，將特殊性做出來，模擬與另一方聯名合作的市場話題性，並切忌勿一頭熱的強調自身優點，不要讓任何一方成了綠葉。

夥伴同在一條船上，不論誰大誰小、誰快誰慢，都需要配合彼此的步調，最後市場的回饋達到預定的目標就是成功的結果，不用去分誰的效益好、獲利好。相輔相成，是未來再次合作的基石，放低姿態越能走向品牌的巔峰。

創造話題，是為了能夠繼續走下去

使用者與粉絲，喜新厭舊的程度往往超乎我們的想像，單一品牌的內容很難長時間帶動市場的熱度，需要與其他不同的創作者同框創作，才能持續的產生流量與話題。

這樣的模式在音樂與 YouTube 的頻道上很常見，在音樂作品的呈現上，邀請另一位藝人一同完成新的創作，讓原本的個人風格多了一些不一樣的元素。

在經營個人與品牌的合作上，當然也可以運用這種模式，讓兩者的內容結合成為一個新的組合，只要粉絲的輪廓樣貌相似，就可以執行這樣的企劃內容。

在多方的合作上，目的其實都會有些微的差異。新創品牌或個人，目標在於觸及曝光，透過自媒體的串流讓更多的使用者認識自己，提升更多的網路聲量跟訂單轉換率。

成熟的品牌 IP 已經擁有相對完整的資源，創造流量就等於創造業績。當具有一定的觀看規模，一旦開始推廣行銷提升曝光量，就是在告訴所有過去的使用者我們有新作品誕生、有新活動在促銷，有空記得回來看看，只要當下剛好有需求，順手消費都是正常的流量行為。

對創造經營流量來說，自媒體經營者能夠創造出新的作品，能夠持續在網路上產生討論度，就是最好的突破方式。

以銷售端來看，若有足夠的產品實力與行銷預算，傳統的企業贊助與公益活動，也是品牌長期經營很好的行銷模式，透過使用者直接的體驗，絕對比媒體廣告上說得天花亂墜來的更有用。

38

產業未來的發展機會，
決定了獲利的條件

　　當開始經營自己與自媒體時，我們未來要介入的產業，就已經決定了未來收入的條件。目前自媒體的廣告分潤機制僅有 YouTube 影音，除了這個平台，其餘的自媒體都必須自己去創造主動的銷售收入。

　　簡單來說，收入就是你要用什麼內容與作品去轉換銷售，而你的產品內容屬於哪個產業結構，基本上就已經決定了毛利的多寡。

　　以出版書籍的案例來說，大家都知道出版業並不是一個高毛利的產業，產業經營的非常辛苦，尤其作者的版稅並沒有大家想像的豐碩，這些數字在 Google 上查詢一下都會有答案。既然如此，那為什麼還要做？

　　以市場的角度來說，知識內容可以幫助想前往這條路上的讀者受眾。換成作者本身來談，最大的定義是在於專業上

的定位，可以免去許多要證明自己專業領域的困擾。

　　以我自己受益的方面來講，未來與我合作的廠商跟夥伴，可以透過出版的內容去評估我的專業是否符合他們的需求，在溝通上會減少許多磨合的時間成本。尤其最重要的是可以創造專案承接的機會，合約的收入原則上都會高於版稅的收入，所以出版的目的並不是為了獲利，而是後續的邀約合作和衍生銷售的商業市場。

人才，會往有錢的地方聚集

　　能夠聚集金流的地方，基本上都是目前的新興產業，除了市場未來的擴張機會比較多，包括薪資水準都相對比較好，有競爭力的人才，更會往這些產業類別靠攏，企業的隱形優勢就會持續擴大。對比其他產品毛利持續下滑的產業，人才招聘能力也很難獲得提升，當兩項最重要的經營指標都同步衰退時，不論再如何努力，通常很難扭轉局勢。

　　職場上的求職者，大多數都是依照薪資條件的多寡，去決定下一個落腳的工作環境，取得更好的收入，本來就是工作者所追求的目標之一，誰能給的更高、更好，頂尖人才自然也就會往有錢的地方去。

　　以求職者的觀點來看，市場上有許多相似的工作職缺，差不多的工作時數，除非老闆是自己的老爸，不回家幫忙會

被打斷腿，否則，誰都不會跟錢過不去。

相對地，給的起薪資的企業，營收與毛利自然都不會太差。只有面臨衰退的狀況，才會持續的減少支出，尤其只要發生人事成本結構的刪減，就幾乎確定是經營上發生無可挽回的狀況。

選對產業，是創業成功的基礎

雖然這個並不是絕對的，但確實占據了主要的關鍵因素，哪怕競爭再高，都要優先選擇高毛利的產品線去經營，有毛利、才有市場的操作空間。

低毛利不是不可行，但是必須要非常大量的營業額才能創造績效，這中間有很大的機率必須做到跨產業、跨商品線，才能維持穩定的營收，組織規模勢必就要被迫放大，風險自然也就不斷的提高。

景氣有循環，產業也會因市場環境有輪轉的趨勢，有產業上、就會有產業下，而我們要認清的是，當我們選擇的產業正在下坡的路上，甚至走向黃昏的階段，能獲得的報酬就會越來越有限，哪怕不斷想辦法持續創造產品的價值，來提升品牌營收，最後能獲得的收益，恐怕不符合付出的心力。

只要站在風頭上，騎著豬都可以飛起來，黃昏產業，總有一天也將日落，該放下的，終究還是要放下。跟著市場的

趨勢方向前進，以創造最大的毛利為目標，**能夠獲得收益，才對得起自己的努力。**

　　拿疫情來說，零售市場在疫情來臨之前，電子商務的發展早已成熟，大多數有能力經營的品牌與企業早已布局完成，找到屬於自己最適合的銷售管道與商業模式屬性。

　　當疫情來臨時，讓這些原本就具有線上銷售實力的企業創造了數倍的經營價值，同時也一次性的淘汰無法適應市場變化的產業，而且幾乎沒有給予任何的彈性時間去應變，跟不上、就再見。

　　一旦開始後，如果被迫從頭來過，過去的那些努力都會非常可惜，**既然都要做了，就選擇具有未來性的內容做為經營的主軸。**這幾年有句話這麼說，選擇、比努力還重要，用在這裡再適合不過了。

39

做銷售，可以漲價，不要委屈自己的商品

2022 年至 2023 年，什麼都漲價的環境，讓原本就不好過的日子，又找到更合理的素材可以抱怨這個環境的現況，還能得到大家的認同，一舉兩得，紓壓、又交朋友。

可以不買亂七八糟的虛榮品，但日子終究還是得過，吃吃喝喝總少不了。

各家餐飲集團跟著股市當個死多頭，就連便當店的飯菜都開始吃不飽，影響比較少的大概就是手搖飲，香精少滴個兩滴、果糖少加個幾毫升降低成本，結果反而更健康了一點。說真的，我都不知道自己是不是來反串的，面對這些時事，只能幽默的開開自己玩笑，幸好，我們都熬過了疫情，健康的活著。

商人做生意，拿到合理的毛利本來就天經地義，持續經營下去，我們才能一直吃到我們想吃的、玩大家想玩的，否

則店家倒光光了，你我再有錢都沒地方花。最後只能放在銀行，讓金融機構拿去借給信用卡戶賺取循環利息，大家都成了合法高利貸的幫凶。好了，我真心覺得扯太遠了。

當結構成本開始上升，業主都會想辦法壓低各項成本支出，來維持原有的毛利，但成本這種東西，一旦控制到一個程度，就會讓品質開始出現問題，這個問題有可能是便當變少了、衣服變薄了、賣場的各項商品包裝變得更小了。

東西變少了，可以多買一份，補足原本常用的耗品量；衣服變薄了，你不可能一次買兩件疊在一起穿，便當內容變少了，更不可能一次買兩個來吃。有些下滑的產品品質是無法靠數量去取得平衡，一旦失去原有的水準，原本死忠的顧客就會產生動搖，最後慢慢流失。

那流失的客戶去哪了？

他們去找類似當初的你，尋找比你現在更貴一點的你，因為你帶給他們的回憶跟產品感受才是最重要的，現在為了成本而妥協的你，已經不是原本的你。

台灣人的本性善良，總是不好意思當面跟你說，「你可以漲價，但不要做這麼爛的商品，要對得起自己的產品」，所以消費者只好默默地離開，到最後，我們自己都不會知道問題出在哪裡。

為了堅持不漲價、影響產品本質，弄到最後，消費者反而去尋找一個更貴的來取代你，因為品質通常才是最終選擇的判斷因子，而我們為了節省成本累得半死，最後還得不償失。

當然，有些消費者提倡只要漲價就不買，秉持現有的價格才是購買的合理數字，但我相信，這些消費者未來只要發現有更便宜的，他們也會毫不考慮地離你而去，因為他只在意那個消費的數字，並不在意商品本身帶來的價值。

漲價、不漲價，都有各自的說法跟堅持，但這個堅持要評估自家的商品能不能保有原本該有的期待感。

消費者在購買商品時，對於一個產品的價格上限會有一個隱形的天花板，這個天花板是關鍵的經營分界點，越過了天花板，所面臨的可能是另外一群完全不同的受眾，若死守在原本的消費水平，商品價值因此降低，是否還可以符合原本消費者的期待，只能等待調整後市場的反饋狀況來評估，經營就是這麼兩難、沒有答案。

最後能夠判斷對錯的依據，就看看營收是否能夠維持在水平之上，若能撐住，表示策略還算符合市場的期待，若撐不住，也千萬別把價格調整回來，離開了、就很難再回來，改來改去，會讓留下來的消費者一頭霧水，想辦法提高產品的附加價值，會是更好的選擇。

提高價格，也要同時提升附加價值

　　提高價格穩定品質，固然是經營銷售的精神，反映成本為的是維持毛利率的健康狀態，但是當過去習慣的產品售價被提升，消費者自然的會產生抗拒的心態，甚至負面的品牌效應，所以提高價格之後，首要的工作就是安撫消費者的心理情緒。

　　面對非漲不可的危機，可以運用幾種操作模式，來降低消費者的負面觀感：

將產品線升級

　　更改成分和製作配方，搭配時事的銷售話題來提高產品價值。

提升產品的實際分量

　　這個做法的重點在於，提升銷售數量來維持整體的營運毛利。

提升會員價值

　　透過購買產品，取得下一次回購的折扣，或是會員額外的回饋，間接降低因漲價導致的額外支出，讓消費者不斷的回購，且持續取得優惠。

千萬不要漲價了之後，卻什麼都沒有做，發發道歉啟事就解決了，畢竟我們自己都不吃這一套了，卻要其他消費者吞下去，真的很難。

雖然漲價，最後都免不了消費者的抱怨，但將產品做好，仍然是我們最重要的責任。不能因為價格取向，而犧牲了產品原本該有的品質與價值，這才是作為品牌與企業主的責任，不然縱使維持了原有的價格，一旦使用者發現產品與過去產生落差，最後還是會選擇離開你。這時候就算要漲價，改回過往的水準，都很難再把消費者找回來，品質，仍然是銷售的最初根本。

舊思維、舊工具，撐不起新流量

企業銷售的轉型，是每一個產業都會面臨的市場現況。不管是因為疫情的因素，或是消費者習性的改變，都會造成銷售模式的轉變。

一旦銷售型態產生變化，使用的工具、客群的流量來源、與消費者的黏著度，都會與過去熟悉的方式不同，甚至直接影響來客量與銷售的績效。

而這樣的變動就是市場進化的歷程，催生新的銷售模組與通路型態。

新的通路購物型態，是因應市場的消費主力族群的生活習慣，這些習慣來自科技、來自生活體驗的不同，各種能夠提升生活品質的方式，都會成為主流。

而這些新的事物，都需要時間去熟稔，甚至需要符合類似的生活型態，才有可能融入相似的銷售流程體驗，就算是

經營者，都不一定能夠完美的詮釋出消費者的認同心態。

　　沒有經歷過，就很難投入對等的購物情境與體驗方式，每個世代的成長歷程並不相同，科技環境也大幅提升，新的工具更掌控了所有的銷售市場風向。

　　話雖如此，但舊通路並不會因為新的通路崛起而滅跡，會導致成長萎縮的主要原因，通常是排斥新的銷售工具，因為不熟悉、因為不了解而導致拒絕使用。

　　一如往常的使用舊工具操作，吸引來的也只有舊客戶，要創造新流量、新客群，新的工具必須要去嘗試，要去經營，你才有打破現狀的可能，才有辦法再度創造機會。

盼望著新流量，卻沒有嘗試新工具的勇氣

　　已經習慣了行動支付的年輕族群，已經用慣了線上串流播放媒體的族群，我們仍要這些使用者拿出現金消費、在特定的時間鎖定在電視前面收看節目，久而久之，這些使用者就會慢慢的離我們而去。

　　當我們做著年輕人的生意，賣著最新話題性的產品，盼望著新流量，卻沒有嘗試新工具的勇氣，沒有辦法接受主流自媒體平台的操作法則，但卻期待著新客群的產生，這樣自相矛盾的經營方式，是不是也存在你的生活當中，更或是與你現在的工作、職場內容完全相同，嘗試新的提案老是沒有

下文，公司又埋怨員工走不出新的營運方向。

我們總是透過線上的廣告、部落客的推薦，被引導到最後的目標，享受著最新的商業模組帶給我們的便利與體驗。但在自身經營或決策時，卻常常忽略了這些內容所帶來的優點，維持守舊的經營策略與我們真實的生活體驗，剛好成了反方向的標準錯誤示範。

從生活的周遭去觀察，可以找到不同產業的銷售關鍵點，細心拆解每個商業模式的流程，或許這些就是我們轉型改變的可能。

每一個世代的產物都有特定的受眾族群，當固有產業想要跨足更多的年齡層受眾，就必須要去了解那些不同以往的受眾習性。

或許那些平台、工具、軟體看似非常複雜難懂，那就讓年輕人去嘗試操作不一樣的模式，他們會有共同的語言、共同的溝通方式，不需要自己去執行，更不要急著去否定任何一個可能，你否定的只是自己的抗拒。

害怕的來源，大多是不知道需要花多少預算、要消耗多少資源、多久才會有成效，其實這個問題不管你問誰，都沒有答案，能夠有答案的，也只是為了要安定自信心而已。

經營銷售能做的，就是控制損失，撥出一部分的營利，嘗試一個新的可能、新的銷售模式，就算因此賠光預算，也不會影響其他經營的績效。

在經營銷售的路程上，如果沒有辦法持續的開發新的受

眾，當固有的消費者不斷流失，業績下滑就是必然的結果。
當我們開始流失消費者，有時候並不一定真的是因為被否
定，有很大的可能是因為沒有跟上現在的主流腳步，沒有讓
自己被新的市場模式看見，躲在舊有的銷售模組，就比較難
取得新的使用者。

　　新流量，只會出現在新的工具與平台，舊思維、舊通路
有的只有舊的使用者，新的事物沒有這麼可怕，不需要太過
抗拒，控制好預算，見到成效就擴大支出，未達預期就縮減
支出，只要不傷及現金流的健康狀態，就能持續不斷嘗試。

　　行銷市場上，誰都不能保證下一個機會就能成功，但仍
要抱著持續嘗試的勇氣，這就是品牌經營最折磨的地方，每
一次的嘗試都充滿期望，但每一次的失敗都會再找回熱情。

經營自己，紀律，才是成功的唯一心法

　　經營自己，在自己的角度來看，是一件蠻浪漫的事情，內容可能有每段職場的故事，或是每一項專案的歷練、每一個革命情感的過程，但這些內容都是專屬於自己的記憶點，其他人並不會懂我們的故事、更不會了解我們的人生歷程。

　　在經營內容的時候，有時會因為這些故事，無意間的，常常做了許多不必要的堅持，我們自認為的讀者接受度，有時候只是自己的接受度，與市場反方向的行為，最後造成效果不如預期。客觀、選擇市場的需求，會降低許多不必要的阻礙與執行困難度。

　　創作內容都會有產生疲乏的一天，甚至產生自我懷疑，這時候很難找到答案，但通常也沒有答案，只能堅持下去，讓時間給予最真實的回饋。更不要時常懷疑自己、改變方向，當你的前置作業，已經準備足夠，接下來需要的是擁抱

熱情，為了設定的那個目標，去做每一分的努力。

不管腦袋中有多少的想法，都必須要去實踐，光空想是不會有任何收穫與回饋的，說的再多、想的再好，不如一步步的去實現計畫，然後堅持下去。

我也走過這一段類似的經歷，遇到瓶頸與疲乏時，這時候是最考驗心智的時刻，該停？還是盲目地繼續？

沒有人可以給我答案，只能再回到起點，把當初沒做完的、沒做好的，從頭再補足，常常看到改變之後才發現，原來，能做的還有這麼多，以前那些自以為的理想，只是沒有找到對的方法。

每一個人都有無力感的時候，當你做累了、困乏了，這時候，停下腳步，想想你的初衷，是為了什麼而做？

撞牆了、或者無法繼續前進了，回到初衷，找到當初那些經營的熱情，重新整頓過後，再來一次，我相信過去的經驗會讓你有所不同。

經驗，會讓人受傷，也會讓人成長，第二次的創業、第二次的再來一遍，都會自動繞過先前經歷過的挫敗，去尋找到成功的路徑。評估一下，這些理想經過市場的磨練之後，是不是仍然還有機會，如果有，就不要輕易放棄。

紀律，才是唯一的成功心法

　　每一項工作、每一個經營的內容，都需要時間去累積，想辦法持續的做下去，才是最重要的事情。

　　紀律，說難也不難，就是一個堅持的心態，但人性總是容易被惰性所屈服，而且生活上總是有許多的意外會打亂預期的規劃。我會保持一定的彈性調整空間，設定第二個工作的排程時段，白天剛好有事，就可以調整到晚上，就算突發的事件與預定的時間衝突了，還有備案可以延續自己的紀律與規劃，不要太輕易就打破原先設定的原則。紀律這件事，只要破壞了幾次，就很難再維持。

　　要讓紀律能夠堅持下去，有一個很重要的關鍵，就是要想辦法做得舒服，找到適合自己的工作模式，讓自己在每一個當下都能享受過程，能夠埋頭沉浸在自己的世界創作。

　　建立一些儀式感，開啟你喜歡的音樂、點起習慣的香氛，或者泡杯你不喝的咖啡，享受那個氛圍與香氣帶來的心情。當你完成每個段落的工作，你會迫不及待的想找人分享成果時，也會更期待自己下一次的努力，可以創造出哪些連自己都驚訝的作品。爾後，你會漸漸喜歡上，這樣屬於自己的時光。

　　在設計、行銷、文字的工作內容這麼多年的時間，其實有大多數的起手，從來沒想過成果會是什麼樣子，只有先動手了、開始了，才會接著帶來更多的想法與靈感，如果一開

始就已經知道結果，那完成的時候，也不會帶來任何的衝動與成就感。不用擔心做不出內容，只需要堅持下去。

創作這條路上就是這樣，我們都想要掌握每一件事，但是當一切都在掌握之中時，這些成果永遠不會是我們最滿意的那一個。如同當你踏入新的企業時，已經知道幾年後的你，是以什麼樣貌與成就離開的，那這些年的努力，就只是如同快轉般地度過。因為未知，所以才值得期待。

突破有效期限，建立勳章

以前在職場上，我們只懂得努力幫公司完成每一項專案，完成每一個任務，替公司帶來成功的果實，卻忘了也要幫自己一把，幫自己在離開現在的環境中，還能持續累積，不需要從頭來過。

個人品牌不是新的名詞，但大多數人把這個定義在創業的路上，但我認為個人品牌是屬於專業的個人標籤，你擁有哪些專業領域、擁有過去哪些實戰經歷，才是凸顯個人品牌的最大價值，販售商品與專業產值，只是商業行為衍生出的市場對價關係。

你不需要什麼都學會才開始，你需要開始、才能很厲害，市場有無止境的需求，每一個人都能在市場上找到生存的空間，永遠不要覺得現在的努力沒效果，總有一天，它會

在未來的路上帶給你收穫。

　　什麼東西都是有期限的，每一個專案的過程、每一間公司的歷練，都會隨時間過去沖淡了過去的記憶跟成績，而經營自己的目的就是為了打破有效期限，讓所有努力的成果都刻在自己的身上，帶著所有的勳章繼續前進。

　　建立起強大的心理素質，持續的努力與嘗試每一種可能，市場上總會有我們的一席之地。我是葛捷思，謝謝你的閱讀。

打造個人品牌常見的 50 道難題

自從開始發表網誌文章後，陸續收到私訊詢問品牌經營的相關問題，一開始會針對各個問題去做解答，但最近發現私訊內容開始有重複的現象，看來大家的問題都大同小異，那倒不如開一個企劃來回答解決大家常碰到的狀況。

因網誌文章陸續在各大專欄刊登，還是需要一定的專業術語去敘述，可能會讓一些剛接觸品牌的新血無法理解，在這裡就別這麼咬文嚼字，用更白話、更簡單的說法去拆解品牌內容。

問題索引

Q1. 如何設定目標受眾客群？

什麼是目標受眾客群？簡單來說就是會買你東西的人，你的商品打算賣給誰，誰對你的商品會有興趣，你的商品可以解決誰的問題，就這麼簡單。

看似很簡單的問題，怎麼可能有人不會，但在我這麼多年來的經驗，真的看過很多商品定位錯誤，這些人不乏經營多年的品牌業主。不要懷疑，真的有很多老闆對於自己的商品不了解，他們做的商品完全打錯受眾，而且員工都不敢吭聲。

為什麼會發生這種事？通常來自老闆太過自信，而且管理特質很有可能是高壓管理，導致員工不敢提出反對意見，誰開口誰倒楣，誰敢質疑老闆！！

要怎麼避免這種狀況，以及設定對的受眾客群？

很簡單，到 MOMO、Yahoo 等各大購物平台，去找跟你要賣的商品類似的產品，仔細去看產品說明的內容，裡面通常會介紹產品特質，誰需要使用、什麼狀況可以用，這些品牌都幫你做好功課了，你只要收割就可以了。

或許會跟你當初設定的想法有出入，但這就是最大的問題，市場反應往往不會跟自己預期的一樣，而市場上的這些品牌都是已經經過測試來的結果，如果想在初期可以順利達成銷售目的，還是建議以市場的導向為主，要做特殊性商品，等有穩定的基礎再去開創客群。

Q2. 如何選定品牌經營社群？

選定社群，看起來沒什麼難度，但選對經營重點會讓你

的品牌拓展比較快速而且順利。廣泛來說，LINE 有超過 90
％以上的使用率，是一定要經營的平台，不論是否要下廣告
預算，就算當客服系統平台都好，而且免費，現在沒什麼人
喜歡打客服電話了，有什麼問題，直接 LINE 就好。

　　至於 FB 與 IG 平台經營重點，最主要還是要依照使用
族群的年齡來做初步判斷，FB 的使用者以現在來說，35 歲
以上甚至 40 歲以上占大宗，IG 則是在年輕人的族群比較廣
泛，先從年齡去區分，再判斷衍生媒體該如何選擇。

　　除了以上三大平台之外，媒體的選擇上還有 YouTube
以及 Podcast 可以運用，看品牌本身的特質與資源，是否有
足夠能量去製作影片及聲音的媒體廣宣。影片是目前轉換率
以及點擊率最高的媒體形式，廣播則是在知識族群內占據了
很重要的影響力，但選擇上需要判斷你的產品是屬於哪種屬
性，延伸媒體的形式才會對品牌有加分效果。

　　如果你讓年輕人聽廣播，他們可能會很痛苦，因為他們
需要更多的視覺衝擊去達到共鳴。讓中高齡使用者長期用行
動裝置看影片，也會對他們造成很大的負擔。品牌的每種選
擇，都要依照生活型態與特性去操作，品牌是為了讓生活更
好而存在，而不是造成困擾。

Q3. 如何訂價？不懂市面上的訂價方式

產品要定價多少，其實你高興就好，但不能高興到消費者不願意買單阿。看過某些產品在定價上的策略，有種你在開我玩笑嗎？還是今天是愚人節？要不就是聖誕節，起床後禮物就會出現在床頭了。

在定價的方法上還是有一定的邏輯可循，首先還是需要觀察相關產品的價格帶落在何處，例如你販售的商品市場區間約在 1,000 到 2,000 元售價，那你通常不能跳脫這個框框外，高了，消費者覺得你憑什麼，低了，破壞市場價格更可能傷害毛利。

當然身為老闆都希望賣越貴越好，但消費者買不買單才是重點。至於要定再 1,500 元以上的高價位，還是 1,500 元以下的輕鬆入手價，要看你的品牌定位跟消費者族群而定。

那有沒有簡單的訂價規則，市面上一堆定價方式有看沒有懂，我自己使用另一種定價法則，用商品的總成本乘上 4 到 8 倍，就是產品售價。這個模式除了可以準確抓到市場價格帶，而定價時就可以將商品歸類在何種促銷模式，更可以檢視商品成本是否過高。

舉例來說：

商品成本 100 元，定價落在 400 到 800 元之間，先判斷自家商品在市場的定位，如合乎一般消費者認同，定價在中價位 600 元，接下來拆解促銷跟通路進價模式。

　　常態式折扣可落在 8 折 480 元，如果通路願意降低自己的利潤，隨著活動售價下調到 75 折甚至 66 折都不意外，這部分促銷成本就由通路本身自行吸收。而通路商品進價通常約為 40％～ 50％即為 240 到 300 元之間，所以通路商仍保持一定的利潤。如果碰上大檔期的銷售，如母親節、週年慶、聖誕節等等大促銷，達到買一送一的降價衝量，品牌本身仍然保有毛利，不會造成賠錢出售的狀況。

　　舉例定價 600 元，週年慶買一送一，通路商進價也會再對半砍，也就是說品牌進價約 20％～ 25％，也就是進價成本為 120 到 150 元之間，通路商保有原本的獲利百分比，而品牌仍有獲利空間，只是在特殊檔期必須下降毛利去搶訂單，否則消費者連看的意願都沒有。

　　如果進價在 20％～ 25％導致品牌本身賠錢出貨，意味品牌商品的成本太高，需要全面調整商品的定價及定位，再一次的再去好好檢視問題點，不要蒙蔽自己的雙眼，問題不改正，賣越久賠越多。

　　賠錢生意沒人做，以上狀況，通路商肯定會要求比照辦理，不然就不會將這個品牌列為銷售重點，你也就錯失這個檔期機會，很多時候，身為消費者的我們，早已被養壞胃口，商品買一送一已成為常態。

Q4. 想打造個人品牌，但不會做圖和工具，怎麼辦？

這個是最多人問的問題，有許多的私訊詢問，葛捷思用什麼軟體或 APP 製作圖片，為什麼圖片質感很好？

想成立個人品牌或新創品牌，但不會操作軟體做圖怎麼辦？

葛捷思本身是設計師，使用 Adobe Illustrator 和 Adobe Photoshop 專業軟體，所以比一般人具有天生的優勢，能自由呈現比較好的圖片視覺，但也不是每個使用者都喜歡葛捷思的風格，畢竟美感這種東西因人而異。

不會操作繪圖軟體，其實不用太擔心，在初期建立品牌階段時，市面上有許多現成的 APP 可以修圖，甚至進行編排編輯，已經足夠在初期建立視覺效果，畢竟重要的是品牌內容。現在也並不是每一位使用者都擁有電腦桌機，大都是筆記型電腦，甚至平板電腦與手機，要重新學習一個新的專業軟體，真的需要時間摸索，不建議在技術上花太多時間。

先把品牌內容建立起來，再回過頭來提升品質與視覺效果，會讓你的品牌路程比較順利。當進階的時候到了，不妨找一位與你品味相近的設計師，好好討論合作如何更新品牌形象與提升內容素質，讓設計師協助一次到位的全面升級，而你將心力放在對外的行銷以及品牌推廣、商業轉換，這樣會來的更實際點。

如同你現在看到葛捷思的文章，你在意的還是文章的內容，視覺只是其次，並不會因為圖片做得再好，文章就會飛上天，依然需要文字本身的實力去與對方產生連結。

Q5. 上架要選傳統官方網站，還是一頁式網站？

這個問題也是私訊量頗多的問題，到底傳統網站式銷售好？還是一頁式銷售好？

讓我們先搞清楚外部一般套版網站的特點，基本上一頁式網頁銷售附屬在制式網站之下，他們並不是分開的系統，只是分開的銷售頁面。

白話一點來說，制式網站下會呈現所有品牌的資訊、包含全商品介紹，內容不乏有檔期的優惠、會員的促銷、熱賣排行等等眾多資訊。而一頁式銷售頁面的優點在於，將這些會干擾銷售的元素全部移除，從開頭到結尾收單，完全只有所要呈現的商品內容，一步一步的刺激你的購買欲望。

頁面的內容甚至連品牌 LOGO 及分頁按鈕都不會出現，單純只有商品資訊與結帳功能，目的就是要集中消費者的注意力，不斷的加強視覺衝擊、放大消費者的需求感，達到轉單效果。所以制式網頁與一頁式網頁，屬同一個架構底下的工具。

會私訊這樣的問題，其實就是在問要用哪個工具會賣得

比較好？

應該要思考的是你的品牌資源到底有多少？要選擇自售網站還是外部銷售網站？這個才是品牌初期要確定的方向。

自營網站就如同你開了一個商店，不做廣告，其實不會有人知道新開了一家店，沒有流量，就不會有銷售。自營網站通常要搭配社群的廣告以及聯播網、原生、關鍵字、再行銷等等相關廣告，去做到導流的目的，才有機會達到銷售。而廣告的預算少則一天 2,000 到 3,000 元，多達一天 6,000 到 10,000 元，再加上套版網站的年費一年 10 萬到 20 萬元，夯不啷噹加起來一年的總預算少則 100 萬元起跳，高則 300 萬到 500 萬元，這並非一般新創品牌能燒的預算。

沒有預算就不能做品牌自營網站嗎？

建議在初期的階段，使用外部銷售網站，例如 MOMO、Yahoo、PChome 這些流量大、口碑信譽相對好的購物平台上架銷售。

為什麼這樣選擇？有幾個原因。

1. 在這些平台上銷售，基本上消費者不會懷疑你的商品與誠信問題，畢竟這些平台上架需要經過審核，已經避免掉詐騙的風險，你有多少次經驗想購買商品，結果不信任網頁而放棄的？我超多的⋯⋯，太愛買，但又怕被騙，就算了。

2. 這些平台的導流量非常之大，你不做廣告，消費者都有可能無意間逛到你，但你的產品名要定的好，去蹭其他大品牌的曝光度。多與平台窗口建立信用度，有機會取得比較便宜的廣告版位，都是品牌加分的工具，而且可以截圖做成產品熱銷的素材。

3. 成本低，除了簽約的保證金約 3 萬到 5 萬元之外（解約可退還），每個月 1,000 到 2,000 元的平台服務費負擔不大，而且其他的抽成是建立在訂單成立後才有的費用。商品抽成要看簽約的商品品項而定，但有其他的廣告贊助費及相關的物流費用，總共約 13％的費用，會在成立的訂單後抽。雖然被抽取了各種費用，整體毛利偏低，但起碼是建立在銷售後才有的，就當成廣告預算吧，讓消費者知道你的存在。

外部銷售平台就沒有缺點嗎？

有一個致命的缺點，「無法蒐集名單」。所有下單的消費者，無法得到任何資訊，所有受眾皆屬於平台的會員名單資產，這是對於品牌經營很傷的缺口。

經營品牌卻沒辦法知道你的消費者是圓是扁，無從在銷售中持續優化你的銷售模式，所以外部平台只能當作初期的過渡期，最終還是要回到自營網站去與消費者連結，才能締結更深的品牌忠誠。

Q6. 外部銷售平台如大海撈針，怎麼提高曝光？

　　自營網站與外部網站，最大差別就是你自己開的跟人家開的店面，人家有會員名單，你沒有，如此而已。

　　那在這些大平台之下，要如何讓自己能浮出水面，許多人認為只要上架了，就自然會有銷售業績，其實不然。

　　要在沒有任何廣告預算導流的狀況，盡量蹭到平台資源，首先，產品上架的命名非常重要，當使用者到購物平台找商品時，都很直接式的去搜尋需要的關鍵字，例如：葉黃素、維他命、葡萄糖胺等等，很直接，又不需思考就列出我們所需要的產品內容，使用者會有幾個習慣，先找便宜的、再找具有特殊性的，例如：原裝進口、專利成分、代言人推薦等。

　　如果消費者本身特質屬於價格取勝，就看你的產品特質是不是可以走價格戰。若消費者屬於「比較型」，他們會去找出各種不同優勢的商品，在第一關用產品名決定列出哪些產品去做比較，點選產品內頁去評估各種優勢，找到最適合自己現況的商品。有些消費者對於產品的製造產地會有特出迷思，例如：台灣製造、日本原裝、歐洲進口等等，就可以在產品名加上生產地，強調產品品質。

　　在產品名稱能將特殊優勢列出，對商品本身會有較好的效果，有些業主會將產品名稱「特別修飾」，想做出市場區隔，雖然看起來很有創意，但如果脫離搜尋系統本身的結

果，在茫茫大海中會更難找到你，有時候簡單一點、大眾一點，並不是壞事，甚至你可以學習競爭對手的命名模式，讓搜尋它的消費者，也可以同時看見你。

而「比較型」的消費者大都會到 Google 去搜尋爬文，看是否有 SEO 後的相關資訊，有關於內容行銷的部分，之後會再開闢另一個專區來談。

再來是各個分類的版面曝光資源，這些版位在廣告行銷上都有銷售的價位，你可以提出商品的特別促銷方案，或者近期在外部有藝人、高知名度 KOL 的合作專案，有機會可以帶入流量，就可以與窗口商討適合的位置與曝光機會。

通常這些版位都需要付費，預期的銷售量與曝光資源要能夠支撐業績，畢竟通路窗口都是身負百萬業績之責，壓力也不小，需要一定的營業額來達到減免廣告的報價，雙方能夠互利，未來才能夠再取得更好的廣告曝光。

至於在平台上可以看到品牌旗艦館的獨立分頁，基本上一個月的業績量都達百萬以上才有機會跟平台洽談專館銷售，並不是花多少廣告費用就可以開立的，平台是靠銷售抽佣的方式獲取利潤，所以最大的目標也是希望能夠達成轉單去抽取佣金。如果隨意收取廣告費用，品牌旗艦館就可以氾濫的開立，反而對於真的能夠銷售的品牌造成很大的傷害，消費者也會認為，反正砸錢就有，不具參考價值。可以花錢買的榜單，你會相信嗎？

Q7. 什麼是內容行銷？

廣義的來說就是你所經營品牌的內容，內容包含產品的資訊內容、使用心得的分享、部落客開箱文章、實際體驗者的互動過程等等，甚至客訴後的服務都會成為潛在消費者下單判斷的依據。

而內容行銷與傳統行銷模式最大的不同在於「信任度」。

傳統行銷模式，最大的問題在於廣告檔期停止後，銷售量會因廣告終止而下滑；而內容行銷並不會因為廣告終止而導致銷售量停滯，雖然有可能會微幅下滑，但這些消費者的品牌忠誠度會遠大於傳統行銷的消費者。

內容行銷著重在於與消費者互動，真實的品牌感受，實際的產品使用後的回饋，就算是業配文章也會真實的表達想法，並不會譁眾取寵的去一味討好，真實的內容反而成了消費者最認同的方式。

好的品牌內容會不斷地堆積品牌實力，消費者信任感也會持續提升，當品牌有一定的信任度，就算不做廣宣促銷時，仍然會有品牌的忠誠消費者持續購買商品，他們並不會因為價格去轉移，因為他們相信你。

傳統廣告在這部分就顯得非常弱勢，當你不促銷，就不會有訂單，大多數在意的是價格優勢，誰便宜就買誰，這樣的循環只會讓毛利不斷下滑，更傷害了品牌的營運績效。

所以行銷市場近年來不斷的推廣內容行銷，YouTube、FB 直播、LINE 官方、IG 推文都算是內容行銷的一部分，只要能與潛在消費者做連結，都是品牌累積實力與信任感的平台，前提是，不要過度包裝。

Q8. 部落客品牌推廣怎麼做？

很多人問部落客跟 KOL 要怎麼做？要花多少錢？要怎麼看成效？

部落客和 KOL 有點不太一樣，在我的行銷操作模式裡，部落客重點放在 SEO 優化，加強轉單成交，建立各種族群的推薦文、開箱、生活體驗等等。KOL 適合帶風向，把商品融入生活中的故事，說故事、寫故事、創造故事，就由他們來執行品牌形象，屬於成熟階段的品牌操作。

但有些操作者會把 KOL 拉到品牌初期去推廣，但在品牌初期階段，內容相對來的較少，當消費者被帶完風向，轉去 Google 搜尋相關資訊，結果文章或產品結果的量不夠，很容易直接被關閉視窗。如若 KOL 整集都圍繞在產品上，業配得太嚴重，其實就跟直播販售沒什麼兩樣，觀看率有可能會受影響，這也不是頻道主樂見的結果。再次強調，行銷沒有對與錯，有效果才重要。

部落客的邀稿，可以從線上流量大開始洽談，但價格相

對也較高，一篇報價數萬元。盡量以能夠在痞客邦等類似的網站，以及個人網站上留下文章的為主，因為這些文字才會被 Google 計入 SEO 的優化，才能被搜尋到。FB 粉絲團，因為臉書官方並沒有開放內容給 Google 去搜索，所以就算粉絲團有再大的資訊量，在 Google 一律都是看不到的。

在社群平台上也有些小型的部落客邀稿專區，裡面大都是剛進入領域或是流量較低的作者，可能文案沒有這麼好，但這些可以靠廠商提供的資訊彌補。好處是預算較低，可以取得大量的肖像授權，而且通常不會限制時效，可以用「量」去創造熱銷的話題行銷素材，在 SEO 的結果可以搜尋到大量的產品資訊，是很划算的行銷模式。

但缺點是品質可能會參差不齊，需要花點心思去挑選合作的內容，舉例，有些女生很會自拍，但情境上的照片就不太行，適合美妝品類型的產品，千萬不要邀稿旅遊、服飾用品等等，拍出來的成果可能會大失所望。

但有些人的拍照畫面很有活力，就很適合情境式的合作；攝影技巧好的，就多發產品特寫情境，說不定好到連產品商業攝影外發都免了；會說故事的，就讓他去發揮文字情境的闡述能力，越多的品牌故事、產品故事，都是最好的行銷素材。

在部落客行銷的使用上，會建議找一兩位流量大、曝光度大的知名部落客，搭配小流量的分享部落客，就可以創造不錯的部落客成效，在 SEO 以及內容行銷上都會達到不錯

的結果。

　　要如何知道成效結果？每位部落客都給予專屬特定的折扣碼，讓消費者購買時可以無條件去折抵，如此在自營網站後台就能追蹤是從哪裡來的流量，畢竟不會有人放棄可以降價的「促銷碼」。

Q9. FB 丟廣告就一定會有訂單嗎？

　　很多粉絲團經營者有一個迷思，只要廣告預算丟下去，然後把廣告連結到一頁式銷售網站，就一定會有轉單效應。沒錯，很直接的模式，告訴消費者我就是要賣東西，在幾年前確實有一陣子達到很好的效果，許多廠商號稱一檔都達到數百萬業績。現在，你可以再試看看一頁式網頁的效果如何，包準你瞠目結舌，加上「100％的跳出率」，不知道該如何優化銷售模式。

　　丟廣告能確定的是「可以觸及更多的人」，而這些人買不買單，跟品牌的整體營運方向有很大關係。現在的消費者不論碰到什麼，都先 Google 再說，搜尋更多的驗證內容、更多的商品資訊、更多的品牌背景，去達到某種程度的信任，不論文案寫的再好，能夠收網轉單成交的，是品牌建立的外部資源實力。

　　很多品牌花很多時間在粉絲團投廣告優化，導致官方網

站沒有定期更新維護，甚至沒有建立 Google 後的資訊量，無論你是真是假，消費者很常一律歸納為「詐騙」，之後要再漂白，會更辛苦。

在某種程度上，做廣告連結導流後，我們反而要在意的是消費者的信任度，卻不是產品本身的優勢，這都歸咎於太多的網路購物詐騙導致，要先讓消費者知道，我們是真的，不是詐騙，這個畸形的行銷生態，不知道某年某月才可以恢復正常。

100％的跳出率，指的是一頁式網站因不會有任何連結的頁面，目的在於聚焦消費者的注意力，移除所有可能影響的元素，進來網頁後只有兩個結果，一是結帳，另一個則是關閉視窗。所以在後台的顯示會是 100％的跳出率，品牌經營者無法從後台去優化系統，沒辦法判斷消費者是看到哪個頁面不喜歡而離開，頁面的停留秒數是很重要的觀察指標，而這些依據在一頁式的網頁並不存在。

品牌外部資源，雖然做了不一定有用，但當你沒做，就連用的機會都沒有。如同臉書文案跟圖片，寫得好不一定會增加點擊流量，但寫得不好、圖做得不美，連被點擊的機會都沒有。

無論如何，導流量是必須的，也是必經過程，但不要太過迷信廣告投放這件事，先將內容做好，再來嘗試投放廣告擴大觸及，因為沒有人會想要看一個沒有內容的廣告。

Q10. SEO 是什麼？要怎麼做？

　　SEO 中文的翻譯是「搜尋引擎優化」，簡單來說，就是把網站優化成搜尋引擎容易找到的樣子，讓網站在搜尋引擎中得到更高的分數，得到更多曝光、較前面的自然排名序列，而 SEO 帶來的流量是屬於不須花廣告費的免費資源，品牌 SEO 做的好，可省下一筆不小的廣告預算。

　　SEO 要怎麼做的好？要先思考消費者在找相似商品會搜尋的關鍵字，將可能被搜尋的關鍵字清單明列出來，然後在網站的產品介紹，或是部落客的推薦文章網頁，盡量將所有的關鍵字都安排寫進文章內。如果文案寫得夠好，無論消費者搜尋什麼關鍵字，你的網頁就會被安排在搜尋結果的前端，而且網頁品質分數會隨著時間越來越好，未來只要有相關文字搜尋，排除廣告以外，你很有可能出現在搜尋第一位。

　　網頁分數的累積怎麼來的？搜尋引擎會根據你的網頁使用者點擊後的行為去評估，如果你的網頁讓使用者點擊後，停留秒數到達一定的時間，就會被列入有效網頁，如果可以讓使用者在站內做網頁轉換動作，會讓網站品質更加提升，在搜尋引擎的紀錄上就會標記為「品質優良的網頁」，未來在相關搜尋文字上你就擁有優先曝光的排名序列。

　　要讓使用者、消費者在你的網頁上停留，只有將網站的內容做好，有效的資訊、有能力協助解決問題，才能讓使用

者願意停留，而且沒有捷徑。所以無論廣告預算有多大，如果內容不夠優良，是很容易被關閉視窗的，反而轉移到相似品牌的網站，錢你在花，別人在收割，我相信你會做小人插他針。

SEO 說起來很簡單，卻是一個品牌全面性經營的結果，精神的傳達、產品價值的體驗、消費者的使用反饋、舒適的購物流程，都是品牌所衍生的價值，這些產生的結果都會被記錄在網路上供使用者搜尋，不論好壞，都會留下痕跡。

Q11. 品牌企劃怎麼做？

我把企劃這件事說的粗俗一點，就是找個話題去合理化所要做的事，來個師出有名，才不會莫名其妙。

例如：週年慶全面五折、雙十一全面一折、父親節母親節打到骨折、老闆不在家隨便賣、情人節討女朋友歡心全面加五成，誰說折扣議價只能往下折、不能往上加的，雖然大家都不會這樣做。

企劃活動除了品牌本身的經營定位之外，大多數的企劃目的都在於產品促銷、新品上市、清倉庫存，幾乎沒有例外，就是要讓消費者感到划算，想辦法讓消費者回貨。

在企劃本身如果你沒有太多的想法，市面上已有大量

的節慶活動可以跟隨，幾乎每月都有節日可以慶祝，天天都是情人節的概念，永遠享不完的折扣，安全的做法也是一個選擇。

但安全的做法可以做出不一樣的感受，既然都要下折扣了，品牌可以再設定第二個目標，例如提高數量、打消近效庫存，這兩個做法不但可以降低成本，也可打消品牌未來可能造成的隱藏損失，提升損益表的數字。

另一個方法可以測試新品的接受度，或者銷售量尚未達到預期的企劃。

將銷售不佳的商品所設定的族群，尋找另一個同族群但銷售數字好的品項去做結合，用銷售量高的產品搭贈、再包裝，讓原本銷售已不錯的商品再提高商品價值，消費者感受到划算的心態，很有可能在使用搭贈商品後也成為主力客群，因為當初在設定活動時，已將同個使用族群因素考慮進去，看似促銷的贈品，其實品牌已經設定好另一個陷阱，等你入坑。

除了跟隨市面上的活動檔期促銷，若品牌走到成熟的階段，已養成固有消費者，可以建立屬於自己的品牌節慶，例如品牌上市日、員購日、老闆生日、不管什麼日都可以，給予品牌忠誠的消費者不同的折扣，這會讓追隨你的消費者倍感尊榮，是專屬於他們的優惠。或是訂下員購日，當天所有人都是品牌的員工，享有最優惠的價格，象徵消費者與品牌如同家人般存在，也不失一個好方法。

Q12. 不會社群經營，要怎麼經營粉絲？

不會經營社群，通常幾個原因，平台不熟悉、硬體操作吃力、文字能力偏弱、沒有圖片製作能力等。

在工具的方面，平台與硬體真的必須要花時間適應，行銷市場的演化都伴隨工具的進階，是不可避免且必要學習的重點。而身邊應該不乏有高使用度的高手存在，多花點時間請教，基本上都是熟能生巧，不太會有問題。

至於文字與圖片的問題，可以先評估經營的內容是否需要大量的文字去堆積，如果真的在文字陳述上沒辦法達到需求，不妨試著直播或者影片、影音去傳達內容，不一定真的非要用文字去表現，說不定你的舞台魅力與聲線比文字更來的有吸引力，沒有非單一的呈現方式不可。

經營粉絲的重點，要如同生活般的存在，除非是 ON 檔的廣告文宣，不然一般溝通的過程都是很口語化的內容，越官腔、隔閡越大，親民才是主流，別想得太複雜。

還有一種人，不喜歡與人互動的特殊案例。

有些人本身就是排斥與人有交流，可能是不喜歡討好人、可能是會造成自身壓力過大、或者會心浮氣躁、沒有耐心，如果你是屬於這種特質，那就需要評估是否請人代為管理或者作為中間者。品牌的建立，溝通是很重要的一環，不斷的與消費者連結才會提升品牌擁護者的忠誠度，這是不可避免的經營重點，如果不重視，要成功的機會微乎其微，不

要認為產品好就可以了，這是不可能的。

經營粉絲是「內容行銷」中很重要的一環，與粉絲的「關係」需要如生活般的親近、如朋友般的自在，取得信任度的過程會更順利。

品牌是一個擬人化的商品，雖然無法量化，但需有溫度、有態度、有想法、有切入生活的角度。當品牌成功與使用者建立關係，無論它在社群發了多少廢文，我們始終會讓它保持「活躍度」；不然你想想，有多少品牌看沒幾次就被你封鎖了，但有多少品牌你看了它千百遍也不厭倦。

Q13. 品牌小有成績，要建立團隊還是選擇外包？

有位很有趣的讀者來訊，說著從 0 開始創業到現在的小規模，也不再是一人公司，聘請了幾位同仁一同努力成長，但在這段時間卻是他最痛苦的日子，比創業初期更來的挫折與不平靜。

看著這個故事葛捷思心有戚戚焉的笑著，只差沒有拿著爆米花跟可樂坐在第一排，這並不是訕笑或局外人心態，而是恭喜這位業主在以往職場沒有經歷過的，在創業成功的路上始終還是碰上了。這是值得驕傲的，因為過去在職場沒遇上這個挫折，可能是位階不夠，不是能力不足，而是環境、舞台不足以發揮，或是有太多複雜的人事問題，一旦成為

領導者，就必須正面應對，職場，往往最困難的不是事情本身，而是人。

複雜的人事，其實內耗的程度不亞於創業資金的耗損，尤其當開始影響到對外發展時，績效就開始停滯，無論如何調整都很難回到當初的有效率營運狀態。

我會建議在擴展初期，盡量選擇將專業外發，資訊、財會、設計等等內容，交由外部人員專責處理，業主本身掌握進度與成效即可，仍然將大部分重心放在品牌對外的拓展與營運規劃方向，這樣既能掌握創業的初心又能掌握專業領域的績效，讓所有案子都在同一條線上努力。

當只有你一人，就不會有複雜的人事問題。雖然這看起來有點鴕鳥心態，好像不是解決問題的根本方式，但還蠻好用的，當你花錢，承接廠商就會盡力完成你的需求，而且不會哀哀叫。

當必須建立團隊的這天到來，人的問題終究還是來了，但你已經在這段時間練就了一身功夫，不須改變太多作業模式就足以應對。

建立團隊的同時，也建立一個領導者位置，讓領袖去帶領團隊去完成任務，而團隊的人選由領導去建置，由他去選擇需要的專業人才與人格特質，他只需要對你一個人負責。團隊的方向與目標，由你與部門領袖共同商討即可，這與外部廠商負責的事務沒什麼不同，都是你付錢的。

謹記一個原則，不要干涉部門領袖的人事與選才問題，

畢竟每個人的想法與做法都不會完全相同，做為業主只看結果取向就可以了。

我相信你也看過很多老闆喜歡干預團隊人才的建立，然後把這群人再交給另一個領導者，結果雙方屬性不合，最後雙雙倒地，被擔架送出去，老闆再開始大肆宣揚人才難尋、遇人不淑阿。我相信，這些你很有畫面。

Q14. 品牌廣度拓展的方式？

這個問題十個業主有九個來信，另一個跑去問別人，別笑，這是真的，大家都覺得問問題很丟人，但不問怎麼會有方向，而且你是圓是扁，我根本不曉得。

現在品牌創業的模式，大部分的比例都是從網路銷售開始，很少一開始就開立實體店面經營，當然餐飲業除外，門店是必要條件。在網路創業的進程，當產品、銷售模式、營運模式都已經建立完成，通常會卡在如何讓更多人去認識品牌，然後就開始迷思投放廣告，投越多、就越快有業績、越快發大財，但真的有嗎？可以問問看身邊那些投放過廣告的朋友，事實是不是如此。

拓展品牌廣度除了投放廣告，可以朝異業合作、公益活動、贊助品牌等等去規劃。異業合作選擇上，可以挑與自己品牌受眾相同的品牌去做，將兩方的消費者做互換的行為，

互相拉抬銷售與曝光度，這是最快也是最省成本預算的推廣方式，通常效果都不錯。

公益活動與贊助品牌的曝光，只要活動本身的內容可以跟品牌搭上邊，就可以去提案參與，品牌的正面加分效果會提升不少，最大的重點在於可以拿到企劃活動的元素，將活動的照片與文宣內容做成品牌行銷的素材，善用品牌與品牌的加乘效果。如果活動中有其他知名品牌參與，更是吸粉的最佳模式，新創品牌有多少機會可以與知名品牌齊名，機會難得。

當然直接發試用品也是一種方式，但廣發的方式通常比較難去打到真正需要的族群，回購率通常也不會太好，成本太高。

投放廣告是必須的，但不是大撒鈔票去導引流量，將預算放到關鍵字、再行銷、電子報等等的效應會比衝流量的轉單率來的更好，新創品牌的資金是禁不起導流量的廣告預算耗損，會讓品牌的經營壽命縮短。

關鍵字與再行銷也是 SEO 後的成果，更是內容行銷的基礎，當你將這些內容做好做滿，市場會慢慢的擴展，品牌廣度會越來越寬闊，當有一定的消費受眾、穩定的業績支持，再考慮導流量這件事，只是將前後順序調整，成效就會有所不同。

沒名片，
你就是招牌

Q15. 產品銷售的策略怎麼打？

商品上架後的銷售模式該怎麼推，或是銷售話術上該用什麼方式吸引注意，有幾個方式可以參考。行銷模組、產品研發、產品定位、最後是價格戰產品，以上四種推廣產品的策略模式。

行銷模組，也就是一般在導促銷售方式，將產品的市場差異性與特定成分作為行銷主軸；利用市場活動檔期做各種搭配式的組合銷售，創造各種話題性，吸引消費者停留的各種行銷手法與促銷方式。

產品研發，在商品上架後，對於競品的敏銳度必須提高，當市場開始加入一些不同以往的素材與成分時，必須適時地跟上時事話題將產品進化開發，爭取新市場的認同，且不急著淘汰舊產品線，可綜合評估兩者的成長曲線再決定存續與否。

在產品定位的部分，我將這種產品歸類為功能性產品，對於特殊需求的使用或消耗品來定位，不須太多的變化、太花俏的行銷模式，隨著檔期偶爾提升折扣促使消費者囤貨。

通常這種類型的產品線銷售數字起伏不會太大，但是屬於穩定長銷型商品，將產品口碑做出一定品質，會成為品牌很扎實的銷售基礎。

例如：3C 類的充電線、滑鼠、鍵盤等；文具類的原子筆、便利貼；保健類的 B 群、維他命 C；便利商店的礦泉

水、茶葉蛋等，都是貼切的案例。

平時不太會看見這些商品的廣告，但它們在生活當中無所不在，除了非常特殊的需求使用者之外，一般消費者不太會去比較其中的差異性，只要能解決需求即可，而這部分產品占據了市場極大的產值，如果你也能創造出這種長銷品，對於品牌經營會是很大的後盾。

最後是價格戰，這是市場上最常見的手法，也是最後的手段。當一個商品被折價到沒有毛利，就等於是在產品淘汰邊緣，但市場上許多商品卻將最後的手段當成第一線的銷售手法，最後傷到的都是品牌自己。

成熟且穩定的品牌，在折價方面會來的較謹慎，而且折價程度有一定的底線，請你試想，你手邊那些常用的商品，長銷的產品，是不是所給的折扣都有一定範圍，當你需要補貨時，看到價格就知道是不是到達底線。

就算促銷價格還不是最低，但當你需要，你仍會買單，這就是品牌在維護產品本身的價值做得好的因素。當然市場上有所謂帶路雞的產品，幾乎沒有毛利甚至負毛利的狀態在銷售，但這種模式需要高毛利產品去提高整體利潤，品牌的全產品線需要精確的評估，不然賠著賣太久，誰都受不了。

商業市場上，不可能一個商品可以永久不變就能持續達到銷售目標，一款商品能銷售三至五年已算是很好的成績。

我們不可能一直在打價格戰，買過便宜的，就回不去原價；也不可能一直使用相同的東西而不進化，使用需求只會

不斷提升，你不提升就等市場淘汰；而市場的銷售哏，也就那幾套轉來轉去、大同小異，一有新花樣，馬上就被玩爛。

各種方式都需要交叉使用，善用節慶銷售與產品生命線的規劃將舊品促銷，推出新品再次吸引客戶的購買率，將折扣過多的舊產品線轉回原價銷售的新品，使得產品的生命線再次延長，也讓品牌的活躍度不斷提升。

Q16. 投放廣告的績效要多少才算好？

蠻常收到類似的私訊，投放廣告要達到多少業績才算好，要怎麼評估廣告該不該繼續，效益有沒有達到預期。

相信有在經營粉絲團的各位都被投放廣告的課程洗版洗慣了，學到後來都快不知道誰的邏輯跟道理才是正確的，甚至不投廣告時的業績比廣告期間來的多，這都不奇怪，網路就是這樣，什麼都有、什麼都賣、什麼都不奇怪。

在投放廣告的績效判斷，以個人的經驗推算，十檔的廣告如若有 50％能達到廣告預算與業績銷售兩平點，就屬於投放精準的操作者；十檔中有 2 到 3 檔能穩定獲利，已算是高手級的操盤者。

看到這裡，相信多數人覺得怎麼可能這麼低，答案就是這麼低，不要意外，這還是在操作多年的資深投手的績效。

一個新踏入廣告投放的操作者，要達到兩平點都是非常

不容易的事情，更何況要獲利，對於網路的廣告投放不要抱持太樂觀的看法，如果這麼容易，大家就瘋狂砸預算就好，根本不會有品牌收攤打包。

一個好的廣告投放操作者，需要累積多年的經驗，這沒有 SOP、沒有捷徑、更不是砸大錢就保證會有效果，而是在不斷的測試中，去找到蛛絲馬跡。

行銷與廣告投放沒有絕對的成功與失敗，真要說績效怎麼評估，僅能用概約的百分比去說明。廣告投放的過程中，絕對不會一個素材從頭放到尾，過程中會不斷 AB TEST，除了嘗試文案品質，也測試圖片對消費者的好感度。尤其在演算法一直在更改的狀況下，對於業者的友善程度持續降低，成本也不斷提高，投放廣告這件事越來越難操作。

廣告預算不要放同一個籃子裡，將投放廣告的部分預算轉移到 KOL 的影音、社群媒體、部落客、關鍵字等等，都是品牌可操作的內容行銷，不要太過迷信投放廣告就能帶來業績，好好經營內容，消費者搜尋的能力超乎你的想像。

Q17. 實體轉線上銷售最常忽略的重點

2020 年是很辛苦的一年，許多線下產業被迫逼著轉成線上模式，一大堆中小企業沒有準備好就跟風蒙著頭做，套版網站買了、社群平台建立了、媒體公司建議的廣告也丟

了，就是不見業績起色，甚至連詢問的訊息都沒有，到底哪裡有問題。

線下與線上最大的不同在於「人」，人情味可以拉近三分的距離，我們可以主動去解說、去推銷、去察言觀色的找出對方的喜好與需求；線上銷售只有網頁瀏覽器可以提供給消費者去評估，網站呈現什麼內容，消費者就接收，很直接、也很誠實，消費者喜歡就買，不喜歡就關閉，屬於被動式銷售。

很多面銷高手能在當下判斷消費者的需求與喜好，針對關鍵點去做突破達成交易，但在線上銷售沒有這個優勢，只能不斷揣摩消費者的需求，在有限的頁面空間上盡量呈現產品的優勢細節，多了，消費者懶得看，少了，消費者不買單。其實線下轉為線上成功的比例並不高，兩種完全不同的銷售模式，在同一群人操作上往往無法轉換，過去成功的模式限制了新的通路發展願景，這是屬於兩個完全不同世代的產物，領導者需要很有智慧的去轉型，甚至砍掉重練的成功案例會來的更多。

如果一定非要說哪些是重點，那就是產品的每一個細節，在頁面的呈現上以最能表現的特質去說明，**將商品的每一個角落都放大檢視、解說，以人的需求為主軸去提供服務、以生活的需求作為切入點**，不要太多誇飾的銷售行為，現在我們往往對於商業話術感到厭煩，相對的消費者也是如此，網路的聲量傳導很快，不論好壞，都會留下紀錄。

Q18. 實體通路與電子商務產品重複，價格互打怎麼辦？

不論你經營的是實體店面或是 EC 通路，只要開始擴展銷售通路就一定會碰到這個問題，這也是所有 PM 的痛。

A 通路特價，B 通路 MD 就來電關切，C 通路 MD 要求比照辦理，D 通路一哭二鬧三上吊，E 通路要更便宜，回報主管，大部分會要你自己看著辦，乾脆心一橫全部下架好了，通常你只敢想，然後繼續回電安撫，每個檔期都無限輪迴，搞到自己都快迴光返照。

當品牌通路全開後，前述問題是無法避免的，也因為品牌曝光度提升，被關注的眼光也會變高，只要產品有折扣就會吸引消費者注意，就會反映在銷售量上。應對這種狀況，經驗豐富的品牌還是有應對之道，有幾種 SOP 可以遵循。

分通路別生產不同數量包裝的組合，將品牌商品混搭販售，特定通路有特定組合等等基本的操作模式，經驗更老到的品牌，會將產品分不同系列、甚至不同包裝在不同的通路銷售，雖然內容物換湯不換藥，但這也是我們偶爾會找不到特定產品的原因，只能回到原購買通路，變相維持通路的購物忠誠度。

品牌經營到一定程度，通路全開似乎變成唯一選項，不上架、好像品牌力就不夠強壯，但只有我們實際經營的 PM、MD 曉得，哪些通路真正有在跑量，而哪些通路僅僅

只是曝光用的功能性銷售，先不論通路上架成本，光是維持通路基本檔期曝光的文宣規劃製作，就需要耗費多少時間，反過來想，通路全開這件事是否真有必要執行，還是經營者莫名的品牌優越感罷了。

葛捷思近年來經營的模式偏向精簡通路，也降低經營通路的人事成本，將象徵性上架的通路減少，把人力資源轉換到內容行銷的經營，深耕品牌力與消費者的回饋互動。也因為精簡通路，降價銷售的惡性競爭狀況也就自然降低，通路間輪流折扣銷售的頻率也有固定檔期，長遠下來對於產品壽命也比較健康。一個品牌經營觀念調整，就能改善許多類似的問題，你會發現，原來還有這麼多時間與資源可以做更多事，而且心不這麼累。

Q19. 品牌異業合作如何操作？

許多品牌經營者對於異業合作不知道如何切入，要怎麼提高合作的機率，達到品牌雙方共識。讓我們先理解一件事，異業合作的目的，大部分都是將雙方的粉絲、消費者相互交流的行為，最後目的也是在於轉單，擴大品牌廣度，站穩這個利基點只要不偏移，儘管你去操作提案，相信都會有初步共識。

品牌合作的方向，先確定有無地域性問題，有門市、

有限定地區的線下合作，就需要按照當地的商圈環境進行評估，例如，醫美產業結合婚紗業者提升需求，保健品產業切入運動產業提供補給品，文創產業結合美食誘因等等，類似案例都隨處可見。線上合作的品牌，雖無須考慮地域性問題，但須嚴謹評估雙方受眾是否屬於同一屬性，如果雙方品牌的消費者差異性過大，不僅沒有達到效果，不適合的品牌合作會造成消費者觀感排斥，產生負面形象。

提出合作架構，千萬不要貿然就與他方品牌聯繫，直接詢問是否有合作可能，沒有明確的提案內容與目的，縱使對方有興趣，沒有實際的內容可評估，也會保守的婉拒或請你提出詳細方案。

了解雙方產品特性是提案前必須做的功課，將希望合作的產品線做詳細分析，與自家商品達到相互加乘效果，提案內容在雙方都能達到互利之下，成功率都會很高。善用網路找到品牌的聯繫窗口，將完善的提案內容與你的真心誠意發送過去，相信都會得到正向回饋，就算被婉拒，對方也會提出為什麼，未來你在合作提案上就懂得修正方向。

我遇過有些經營者容易畫地自限，還沒開始做就開始自我否定，擔心自己小、其他人看不上，擔心被拒絕、花時間做白工，有什麼好怕的，反正對方也不知道你是誰。告白被發好人卡都沒在怕了，況且早已收滿一副 52 張，身經百戰，做了，才知道結果，不做，你就永遠在那。

Q20. 活動績效不如預期，該提前結束嗎？

作為行銷人，這個問題我們都並不陌生，有時候提前結束，偶爾蓋住眼睛硬著頭皮跑完檔期，檢討會議就等著被飆上天，順道看看媽祖與上帝的慈悲，然後對著你說，真是孝順的孩子，這麼常來看我。

一個品牌的 PM 在操作檔期規劃，實際上能達到目標銷售的機率其實沒有你想像的高，當然偶爾會出現爆量的銷售數據，但這種機率一年頂多一兩檔，大部分檔期時間都在跟目標數據拉扯。

而我們最痛苦的是在未達預期目標時，思考到底要不要提前結束，減少預算支出，企圖讓數字不要那麼難看，但無論我們怎麼做，最後都會懷疑自己是否做對了選擇，如果再堅持一下⋯⋯，如果再提早一點結束⋯⋯，如果⋯⋯有這麼多如果都知道結果的話，該多好。

當我碰上這樣的選擇題時，葛捷思會反問自己，在銷售目的達不到預期的狀況下，活動的目的是否還有第二個基礎存在，例如品牌討論聲量，產品使用者擴張等等各種有利品牌的行為，如果有，那這樣的活動目的就有存在的價值。

若只是單純為了提升銷售數字的推廣，一開始就發現不能達到預期效果，還是盡早停損會來的更明智，沒有任何意義的支出，都是很嚴重的品牌資源耗損。但不要為了找理由來成為搪塞操作錯誤的藉口，這只會加速品牌失敗的速度，

給市場留下一個「名留青屎」的紀錄。

Q21. 新產品上市的推廣模式

　　一個新產品的上市，通常需要一段時間的醞釀才會達到預期的銷售數字，最常見的就是敲鑼打鼓地宣告市場新品上架，強調與過去產品的差異化，改良多少問題、強化更多的需求功能性，來吸引消費者出手的意願。

　　可能過去幾年這樣的手法還能促使消費者買單，但近幾年這樣的操作變得很疲乏，甚至觀察到新品一直無法取代舊品的銷售量，最後將新品停產，持續經營舊品的結果。

　　多數消費者會選擇比較安全的路線，對於新品的嘗試通常較為保守，雖有興趣但大多沒信心，害怕產品不適合、擔心因此多花錢而婉拒，要改變一個習慣需要時間的累積，需要信任感。

　　如果品牌本身是已經有穩定銷售的產品線，其實不太需要太過強調「新品」這件事，將推廣重點轉為強化原本商品的效果，會讓使用者的接受度提高很多。

　　例如，擦完防曬乳後再補上 BB 霜，可以盡量降低肌膚的負擔；補充膠原蛋白皮膚流失的養分，同時加上維他命 C 可以提升美白效果。

　　用新品推升原商品的效果，使用者會不自覺的想嘗試，

銷售量就自然地賣起來了，這樣的行銷手法顯得非常高明，也減少新品上市會遇到的風險，更延伸原使用者的客群。

另外一種常見的新品拓展模式，「只要負擔多少物流費，就提供一整組的試用品」，這樣的心態操作手法，讓消費者有賺到小便宜的感受，只需要負責運費就可以免費使用產品，但通常物流費用來的稍高，均已打消產品原本的製造成本，讓業者等於無成本的去觸及到新的使用者，物流寄送的資料也已成為再行銷的名單，一石二鳥的行銷手法。

過去廣發試用品的模式，由於亂槍打鳥的成本太高，已轉為由使用者自行選擇是否去做嘗試，這是精準行銷下產生的銷售模式，轉單率也大幅提升，成為各大品牌不再大撒廣告的主因，是否感覺越來越少看到過去鋪天蓋地的廣告，它們沒有消失，只是我們不是受眾。

Q22. 會員分級的經營手法

現在無論我們到什麼網站去，去過哪些平台，都想盡辦法要留下我們的資料，最少最少都會要求留下 Email，來「提供更好的服務」。

這些更好的服務，都是廣告，到底哪裡好，你告訴我。

這些手法可以做什麼？

可以做追蹤你在平台上的瀏覽行為、可以追蹤你的電子

信箱找到你的社群帳號、可以操作 EDM 行銷導購、可以發送簡訊廣告導流、可以歸戶你的信箱不斷的再行銷、蒐集你在網路上的所有行為判斷你的喜好，發送適合你的廣告，讓你花錢，這些都是「更好的服務」。

會員分級基本上判斷基礎就是你的累積消費額，操作會員行銷方式分為幾個模式。取得資料但尚未消費，會將簡訊廣告、EDM 公版廣告、社群媒體廣告等單向輸出做為主要素材；已購買過的消費者，提高再行銷的曝光機率、強調品牌網站的會員資格提升誘因、客製化的銷售頁面去提高消費者的品牌忠誠度；最後轉為 LINE 官方與自家 APP 上經營，與你緊緊相依、生死不渝，當有任何好康，第一個就通知你，而且都知道你何時發薪，比星座、算命都還準。

行銷邏輯與架構有一定的行為模式，不斷的使用漏斗篩選更高階的消費者，讓一切看起來都這麼自然的發生，各取所需達到商業轉換的目的。新接觸的品牌，我想你也不會喜歡整天 LINE 的廣告發不停，就跟你剛認識的朋友一樣，不會馬上請到家裡作客，應該啦……，如果沒有其他企圖的話。

無論你喜不喜歡這些「更好的服務」，這些行為都存在任何一個平台與品牌上，我們都躲不過 AI 科技的銷售模式，挑你喜歡的、買你所愛的，讓這些「更好的服務」起碼看起來不這麼煩人。

Q23. 產品價格回不去、市場銷售疲乏怎麼辦？

這個問題很常見，當你買過五折的產品就不會在八折的時候購買，一年囤一次貨，趁最大檔期把需求補足，這是你我最常見的購買守則。

價格破壞、銷售疲乏後可以怎麼做？

1. 嘗試新包裝再上市、產生新鮮感。
2. 使用代言人、KOL 來提升流量、聲量。
3. 品牌聯名銷售，創造產品新形象。

以上各種模式都可以嘗試，但只能維持短暫的成效，做這些的重點在於爭取時間，維持銷售數據同時進行產品升級，確保品牌營收不會有斷層。再暢銷的產品都會冷卻，產品週期走到最後，仍然要走到升級的老路，不然就失去一個曾經的金雞母。

將成分提升、提高產品價值，與市場的競品能有一定的競爭能力，市場售價就有機會回到原本的水準，且讓消費者能接受。

怎麼提升成分、商品價值，去看看各大線上銷售平台的競品廠商在賣什麼，你就有答案了。

但有一個風險需要注意

有些消費者很奇妙，他們只熱衷原本的包裝，幾乎到了信仰的程度，只要包裝不同，無論如何解釋，他都覺得產品無效，只差沒有躺在地上跟你說「這不是肯德基」。

這種產品市面上很多、非常多，廠商也想更新升級，但市場就是不允許，消費者就是無法接受改變，哪怕舊包裝偷偷換了新產品，他們仍然覺得跟以前的一樣。

這種情況代表過去品牌深耕成功，產品等於信仰，一輩子的跟隨，保有大批死忠顧客，但，幾乎只能維持銷售，無法再吸引新客群、無法創造新流量產生，褒貶共存。

解套的方式：換個新包裝，去搶占新族群就好，保留舊包裝，維持穩定獲利。不要花太多時間解釋舊產品，用另一種溝通模式讓新的受眾族群認識，時間久了，最後他們會發現，原來，它有雙胞胎商品，一樣熟悉、一樣好用。

Q24. 點閱率差，是什麼原因？

現在的社群媒體平台、電子商務銷售平台都有提供大量的數據，FB、GA、SHOPLINE、CYBERBIZ，這些主流數據都是銷售市場操作的重要指標。

廣宣數據、點擊率不如預期的原因有幾個重點：

1. 品牌行銷人、經理人其實看不懂數據的意義

   不要懷疑，這是真的，很多人看不懂，看懂了卻不知道要做什麼。

2. 不做廣告測試

   許多品牌在發布貼文、投放廣告時，覺得發布多則貼文很麻煩、很浪費時間，覺得發一篇就能打中受眾族群，這種機率真的很小。

3. 文案標題沒有延續性

   好的文案需要空白的想像空間，最少要做到促使使用者產生求知慾而點擊。

　　文案內容是觸及者選擇是否繼續看下去的主因，有用的、感興趣的、貼近生活體驗的，都會成為閱讀重點。

　　點閱進來、卻秒關閉，以後你再發的貼文，就會被跳過。好好地將內容充實，也是提升點閱率的重要關鍵。

　　最後一個就是素材的呈現，現在手機軟體太方便，導致許多新創品牌認為，只要使用手機軟體就足夠應付文宣的製作。

　　現在的消費者已經習慣高品質、高質感的圖片與影片，是不是公版套用，一眼就能看出來，專業仍具有高度的存在價值，想要人家認同你，拿出好東西來。

　　投放廣告，是讓好的素材、好的廣告再更好，不好的內容，並不會因為投放廣告之後就會變好，不要一味地被慫恿

投入越多的廣告預算就會有更好的績效。

　　了解品牌本身最大的缺點是什麼，花時間去補足這個缺口，堅持下去，會有收穫，經營品牌最後比的通常都是誰堅持的久，並不是誰比較花俏、比較有想法，這都只是曇花一現。

Q25. 高點閱率、低轉換率，怎麼辦？

　　發布貼文常常會有點閱率高、討論度高，但實際轉單率偏低的情形，這種狀況常發生在新創品牌、或未建立專業行銷團隊的企業。

　　粉絲團→廣告文宣→產生搜尋→ DATA 選擇→找到共鳴點→訂單轉換，這是電子商務商業模式的基礎架構，消費者的所有行為都建立在這個循環上，每一個環節品牌都需要去建立資訊，只要中間斷了一個點，轉換率就下滑。

　　嘗試改善以下幾個關鍵點，轉換率會有正向回饋：

1. 建立大量可搜尋的 Google DATA
   尋找部落客去建立開箱、使用心得、實際影片、評價等等內容，Google 找得到，消費者才有信心下單，無論商品有沒有符合期待，起碼不像詐騙（記得，SEO 排名很重要）。

2. 建立明確的客服、物流、金流等溝通管道

消費者使用你的頁面同時，就在建立品牌信任度，購買前會有一大堆你意想不到的問題，品牌能提供的回應跟資訊足夠，就能收單。這種消費者屬於聊天聊來的粉絲，而且有機會成為你的隱藏版業務。

3. 提高 EDM 行銷、再行銷比例與預算

這是轉換率很高、CP 值很好的操作模式，不打擾的廣告操作，你喜歡才來點、才來看，不喜歡可以略過、刪除。不具侵略性的曝光，是現代人能接受的廣告模式。

Q26. 如何對待已成交的客戶？

會有這道問題，是因為收到一些業者抱怨消費者的無理行為，當然不可否認會有些不合理的問題，但在經營品牌的角度，仍是要好好面對問題。

如果說，約會的目的是要脫魯，那經營品牌跟行銷操作就是為了要成交，成交後、在一起後，就更應該好好的經營，用心的去維持雙方感情。

但有些新創品牌很奇妙，成交後就不見當初銷售的熱情，碰上客訴或是不如預期的反饋，就顯得消極處理，深怕消費者再度找上門，真不知這是做品牌還是做詐騙集團，成

交了，就該好好對待人家。

成交後的客戶，基本上對品牌的信任度已有一定的基礎，客訴或是負面回饋，雙方溝通後通常都是可以解決的，只有少數會走到退貨這一步，就算退貨了，未來也有可能再度上門。

成為會員後的消費者，含金量通常比較高，再行銷與 EDM 行銷就可以發揮很好的作用，不用太高的獲客成本就可以拿到業績，是維持品牌穩定經營的基石。

品牌會員已經是鍍金名單，專屬的優惠與活動，再把會員鍍鑽上去，享有與一般消費者不平等的待遇。

說實在的，他們也樂於被奉為高級 VIP，我有、你沒有的莫名優越感讓他們倍感尊寵，從此升級為乾爹、乾媽，付費買單更為理所當然。

這裡不是推崇上尊下卑的文化，是客戶與品牌的關係本就如此，用心經營品牌的內容為消費者解決問題，提供更好的生活體驗，這才是品牌的價值。

難道你有聽過朋友跟你說，我跟你介紹一個品牌哦，但是它超爛的啦。這樣說出口，通常人家只會覺得你腦袋壞掉而已，不會覺得品牌爛。

當品牌成為信仰，你會發現就算產品不如預期，鐵粉消費者仍然相信你，這樣的信任來自品牌基礎，每一筆訂單、每一個客訴都用心經營。

遇上奧客，我們最後也是笑著跟他說再見，有機會再來

消費。

Q27. 產品毛利不好，要怎麼改善？

關於產品毛利不好這件事，很多品牌都有這問題，一大堆有看沒有懂的內容就不講了，只有一句話，「砍掉重練，除非它能創造流量，才能免逃一死」。

產品毛利不好，講明了就是做白工，誰想上班又沒薪水領的，告訴我，來幫我寫文章。

毛利差，首先要先釐清是這個產品的毛利差，還是在這個產業界內都一樣差，是你的問題、還是整個市場的問題，如果是你的問題那還好解決，如果是產業內的結構，而這個產品又是你的銷售主力，你該好好思考是不是要繼續堅持下去，或是調整銷售重心，將高毛利商品作為品牌銷售主軸。

市場健全的狀況下，自家的商品毛利不好，八成的問題在於製造成本，貨源取得的價格沒有競爭力，多拜訪幾家供貨商、製造商會有幫助。

嘗試提高量產數量，降低平均成本，有些產品未達MOQ 的數量，會大幅提升單品平均成本，會使經營上更加困難。

有些業主會覺得不需要量產這麼多的數量，能省則省，但說真的，這樣省不了多少，尤其一個新創品牌要做的是讓

大家認識你，小包裝的試吃、試用、推廣產品，是品牌初期很重要的步驟，將這些成本列為行銷成本實不為過。

如若你的產業市場已經屬於低毛利，而你也沒有獨立創新的能力，我會建議重新評估這個產業是否適合你，當有規模的廠商都已成為毛三到四，一個新進的品牌廠商是很難生存下去的，不要賠了時間又背上債務。

人生有許多美好的願景，別讓無謂的堅持與浪漫賠掉你的人生與職場的規劃。除非，你的品牌背景資金雄厚，那想怎麼燒、就怎麼燒，由你來造市。

Q28. 最多人問的，電子商務怎麼做？

許多經營實體的業主都有相同的問題，要怎麼做 EC 通路，這個問題超多人問，那就來講講該有的 SOP。

電子商務的商業轉換流程

「自媒體→廣告文宣→產生搜尋→ DATA 選擇→找到共鳴點→訂單轉換」

主流自媒體，包含 FB 粉絲團、IG、LINE@、YouTube，以上四種選擇你想要經營的、擅長操作的、主力客群使用的平台。四種平台的使用者屬性都不同，賣年輕人的不要到 FB 去，賣老人的不要到 IG 去，賣婆媽的 LINE@ 最好用，

賣知識、賣想法的 YouTube 是首選，先搞清楚品牌的優勢跟主力客群。

製作廣告文宣就不用多談了，把你的產品介紹出來就對了，圖片、影音、說故事都可以，夠精采就行。

產生搜尋、DATA 選擇，是同一件事，當消費者看見你的產品文宣、產生興趣，會去 Google 搜尋，目的在尋找共鳴點，尋找與自己相同需求的意見回饋，建立可搜尋的內容，就等同產品說明書一樣，讓其他人去幫你介紹產品。如果 Google 出來沒有任何相關資料，請問是你，你敢買嗎？

找到共鳴點，除了在網頁的 DATA 上，在社群平台的網紅操作、報章雜誌的曝光廣告、LINE@ 的專業客服，都可以做到這點。消費者總是希望找到與他一樣問題的同溫層，看見其他人使用的結果，直接詢問、直接解答，這是轉單的最大關鍵。

訂單轉換，就是付錢買單，到這裡就結束了嗎？還沒。

記得把退貨、金流退款、客訴服務做好，讓消費者抱怨，無論是不符期待、使用不便、喝醉酒下錯單，讓他們感覺受到重視，協助他們解決問題，會讓回購率上升，乾爹乾媽會存在比較久，而且會越來越多，到時候訂單就多啦。

Q29. Podcast 可以經營品牌嗎？

這個答案是肯定的，為什麼不行，而且很多個人品牌都在這個平台大鳴大放。

根據統計，Podcast 聽眾男女比約是 4：6，未婚與無子女者占大多數，皆達 80％以上。60％的聽眾為 23 到 32 歲的職場人，最少的為 43 歲以上的熟齡世代與 18 歲以下的年輕人。

近 95％的聽眾擁有大學以上學歷，25％以上的聽眾具研究所以上之學歷；平均每月的月收入以 25,001 到 50,000 元為最多占 43.9％，而收入達 5 萬以上的高含金量族群也占近 25％。50％以上使用者每週花超過 5 天收聽 Podcast；每次收聽時間，以 31 至 60 分鐘最多，占 40％以上。

許多需要大量探討、大量資訊的話題與產品，都在這些平台萌芽。但很多 YouTube 的影音製作者嘗試轉型、擴張到 Podcast 平台市場，都沒有太好的成效，畢竟 YT 的娛樂屬性較高，兩者的差距有明顯的不同。

也因為 Podcast 收聽的時間長，整體的集中注意力會稍微下滑，談論的模式與內容較屬於聊天性質的生活口語化文字，也容易發生主題與重點偏移的況狀，這比較考驗播客的主持功力，能否在眾多文字中，節目尾聲的時候整理出條列式的重點再次強調主題性，也成為播客的效益評估重點。

Podcast 適合原本就有大量文字輸出的工作者或品牌，

只是換個形式將文字轉換成音頻將內容介紹給大家，增加一個曝光頻道，也是提高觸及率的一個好方法，同樣一件作品，用不同的形式呈現，基本上不會花上太多時間，只要器材熟稔，很快地就可以進行轉換產出。

當然，聲線的呈現是需要訓練的，要如何讓收聽者可以一次聽 30 分鐘，而不會感到厭煩、不舒服，內容的架構與節目的鋪陳也是需要經驗的累積。

但我相信這難不倒知識輸出者，只要你寫得出來，通常說出來也不會是太大的問題，勇敢一下就好，很快的，你就會有迷人又有魅力的廣播音頻。

Q30. 沒了公司名片後，該如何介紹自己？

離開職場、脫離公司的品牌保護傘下，我們就只是一個素人，當沒有品牌的支持，介紹自己最好的方式，只有拿出過去的實際作品，而這些資訊必須在網頁或自媒體上可以被搜尋到。

為什麼要將這些內容建立在公開的網路資源？

我們都經歷過，每一次要重新面談新的公司或合作關係時，必須不斷的重複闡述一樣的內容，然後還不一定合作、也不一定錄取，每次都覺得很疲憊又耗費大量的時間，最後

變成不是怕事情做不好，而是覺得這些過程非常的折磨人，產生抗拒的心態，就不想做了。

如果建立了個人的專業領域，就不會在溝通的時間都放在檢視彼此過去的績效與想法，反而可以聚焦在工作內容與未來的專案方向，不要弄得證明自己的時間比談案子來的還多，那就顯得很荒謬。

經營自媒體的關鍵在於串聯網路資源，把貼文內容與外部平台創造連結共鳴，讓使用者產生興趣，甚至能夠去搜尋你，延伸 SEO 的效益。尤其公開的媒體平台具有一定的公信力，一旦你的專業能力被認同、被看見，就會建立出背書的心理效應。

或許有人說，那是你們已經做出成績了，當然可以輕鬆做到，但誰不是從 0 開始，誰不是從自媒體開始累積專業資源，慢慢地塑造專業形象，建立個人品牌，不要嫌慢，開始了，才能快。

何不嘗試到 Google 搜尋自己的名字，看看會出現哪些資料，這些出現的內容就是你在大多數人眼中的樣貌。若搜尋出來的結果是一張白紙，那也很棒，你可以從現在開始重新塑造專業形象，慢慢地一筆一筆建構你的職場領域，善用各家媒體的平台資源，將你的論述與想法設法曝光，商業機會與專業價值就會慢慢浮現。

Q31. 個人品牌要怎麼建立？

這幾年的職場轉變，讓工作這件事有點不一樣的看法。以前我們會看公司的抬頭去評估你現在的狀態，名聲越響亮、職務層級越高，就代表有著不錯的成就。但現在許多人轉變成去搜尋名字、背景、網路可見度、資訊聲量等內容，用這樣的模式去判斷個人的品牌能見度有多高，你所服務的公司已經不見得是最重要的。

專業能力的層級、有效產值的輸出、個人聲量及商業變現能力，是現在許多專業領域評估一個員工或合作對象的主要依據。

如果你擁有特定領域的專業，例如行銷、企劃、資訊、會計、研發、金融、業務人員等等，這都是很好經營個人品牌的基礎，在個人的私領域社群平台，不定期的分享工作上的內容與成果，將你的專業成就在網路上堆積，時間久了就會成為你可被搜尋的資訊，也是其他不認識你的人最重要的評估依據。

有些人對於在社群媒體上提及工作，會顯得不好意思、難為情，甚至覺得丟臉，其實這些心理因素都很正常，我也曾經歷過這個階段，只因為我們對自己的信心還不足夠，覺得不夠有資格去說嘴，深怕其他人覺得你憑什麼。

不管是誰，都是這樣一步一步走上來的，你覺得自己能力不足，其實你後面有更多想踏入這個領域的新手，你的經

驗就是其他人很好的學習機會，不用擔心自己能力的層級，只要持續做出成績、持續累積你的可見度，個人品牌形象就會很自然的產生。

有些工作的內容，擁有一定的專業能力，但大多數人並不把這些能力當成專業，僅視為一種常態性工作。例如行政、客服、助理、物流、門市人員等等，看似低專業的工作內容，都可以將每一次的專案經驗轉換成文字紀錄，並非需要高度專業的工作才可以作為個人品牌的基礎。

只要持續性的、正向的去分享每一個工作的內容與經驗，都可以成為陌生人認識你最好的媒介，而這些代替你讓人熟悉的內容，就是成立個人品牌最好的武器，不要小看每一個內容的產出，個人品牌的價值往往會有出乎意料的結果，當然，收入也很有機會因此提升。

雖然起步是辛苦的，當你持續做得越久，後續的滾雪球效應就會越大。商業品牌與個人品牌一樣，沒有一蹴可幾的事情，都需要不斷累積。

Q32. 專業要如何轉成為個人品牌？

上一篇提到專業能力轉換成個人品牌的建立，要怎麼實際把工作內容轉換成其他人願意閱讀、能夠學習的模式，一個有效輸出的作品，也是需要讓閱讀者有所收穫，覺得有經

濟效益才會有衍生的價值。我相信你也看過一些不知道內容想表達什麼的資訊，看完之後，然後勒？

在專業轉換成學習模式的時候，可以將內容拆解開來，分析為什麼這麼做，原因是什麼，而你判斷的依據與執行的結果又是怎麼來的，這通常會是閱讀者想知道的內容，將你的邏輯複製給他人學習，學習者可以用你的流程去完成，就具有相當的價值。例如：

- 行銷企劃的架構怎麼寫的？
- 訴求與受眾為什麼這樣設定？
- 如何撰寫高點閱率、高分享率的文案？
- 廣告投放的優化過程如何做？
- 業配合作的轉單效益如何評估？
- 如何讓廣告受眾留下資料，然後再行銷？
- 產品研發的主要成分與市場區隔的關鍵是什麼？
- 企業經營的年度 KPI 如何設定？

經營品牌有太多專業的內容可以分享，可以學習。

選定你設定的自媒體平台，將過程與判斷因子呈現出來，不論文字或是 Podcast 的音頻分享，都是很好的媒介。將企業資訊與敏感度較高的數據資訊隱藏，就不會涉及到商業機密的問題，實際的案例通常是讀者最喜歡的內容，也是他們最需要的經驗法則。

如果還是不知道該怎麼做，你可以將過程的草稿、模擬稿、甚至未完成作品公開，如何從 0 到完成的過程，就是很有溫度的內容，通常也會獲得大多數人的眼光。記得，有關商業機密的資訊要保護好，該拿掉的要拿掉，被業主追究，就比較麻煩了。

Q33. 成立個人品牌的前置條件是什麼？

成立個人品牌的方式有很多種，如果你是作者、講師、企業主、直播主、表演人員、網紅、YouTuber，是最直接建立個人品牌的模式。

大多數人都不具備以上的條件，只是一般的藍領、白領階級，甚至家庭主婦、自由工作者為居多，這樣的背景條件下，最好的方式就是將自身所擁有的專業轉為有價值的資訊。

什麼是有價值的資訊，我們在職場多年總是會有工作的主軸內容，這些內容通常具備一定的高度專業性，這個專業性就有價值讓我們去轉為影片、圖片、文字甚至音訊等等。

個人品牌強調的是個人魅力與個人觀點，不論你過去職場的階級如何，就算只是位於基層人員，也是具有條件可以去分享內容。

隨時隨地都有新人想踏入這個領域、有更多人想跨足你所熟悉的專業環境，你的經驗與工作法則就是這些人最好的

分享內容，不用擔心自己的不足，重點在於你是否願意跨出這一步。

長期且有效的輸出內容是建立客人品牌最重要的關鍵，大多數人在這條路上只有三分鐘熱度，個人品牌需要長期性的更新，而且初期不會有太多市場回應以及流量，製作內容就變成是很孤獨的一件事。你不曉得何時會被人發現，被大家看到，能做的就是不斷的產出內容，不斷累積、不斷想辦法讓更多人看見。

當你的資訊或作品累積到一個程度的數量，可以嘗試往投稿的路上前進，讓你的作品被更多人看見，社群媒體會是一個驗證自身能力的地方，只要有公開平台願意用你的東西、展示你的作品，就代表具有一定的質量，繼續往同方向努力，自身實力會不斷提升。

若無法得到青睞，很有可能產出的方式需要改變、需要調整，把內容做的更好才有機會獲得認同。大多時候作品的好壞，都是由我們自己主觀判斷，由市場去認證你的成績，會獲得更大的聲量與成就感。

Q34. 聯盟行銷是什麼？怎麼做？

聯盟行銷，一個不算新的行銷手法，簡單來說，就是各家品牌拿出一點的利潤，讓市場能夠產生流量的網站、平

台、任何一個媒體去達成轉單效應，再從成交的獲利裡面撥出一部分的獎金與銷售獎勵，來達成更多的訂單成交目的。

聯盟行銷的優勢在於你不用跟任何一家廠商簽訂合約，你只需要製作素材再貼上購買的連結內容，只要消費者買單，你就有一定比例的抽成。

你的內容想做什麼就做什麼，想如何創作來達成轉單，基本上你擁有 100％的自由度，只要不侵權、不涉及法規問題，沒人會干預你想怎麼做。

但相對的，抽成比例不一定都很高，要看品牌與聯盟行銷的平台窗口設定的佣金比例，越難賣的越高，越好賣的越低，亙古不變的道理。

聯盟行銷雖不算是主流的銷售手法，還是有一定的訂單成交率，長期累積下來的金額也不算小，而且這些訂單大多為 SEO 後的結果，SEO 做得好，聯盟行銷的效果也會越好，但需要依靠大量的文字與產品內容去說服消費者，很考驗產出的作品實力，每一個點都必須在成交關鍵上，要高度的透析消費者習性。

聯盟行銷的模式不建議成為個人品牌的主要營收來源，主要因素來自於太不穩定，有可能這個月很多人看見你的文章、圖片、影片創造許多轉單量，但有可能下個月就掛 0，開始吃土，這些風險無法事先去規劃避險。

建議將這個銷售模式的收入視為 Bonus，這樣你會做得比較快樂，把內容的重點放在 SEO 的品牌操作，作為品牌

曝光的基礎。至於獎金嘛，有的話很好，沒有的話也不影響
你的規劃與工作排程。

Q35. 部落客業配要注意什麼？有沒有風險？

很簡單的問題，注意有沒有預算就好了，有錢就做、沒
錢就省起來。

公司支持你，你就做，不支持，那就 Let it go。看過許
多行銷相關的工作者，明明有做出成績，卻仍然被修理得狗
血淋頭，真的可惜。

與部落客合作，首重合作內容簽定，任何細節最好都明
列合約上，包含製作內容、圖片授權、文案風向、以及責任
歸屬，當然付款條件也是必須清楚載明，避免爭議，走上法
律途徑。

部落客本身可將合作的資訊如何曝光，以及在那些平台
做推廣互動，達到哪種成效，這個在雙方的溝通上需要多花
一點時間取得共識，很多業主在操作部落客、KOL 業配的
時候，抱持的期待都太高，導致大多數人認為無效。

但其實不是無效，而是這些製作出來的文宣所創造的外
溢效應，往往不會被評估在綜合績效內，導致合作的效益被
低估。

最重要的問題，「符合法規」。

很多業主認為，我還不夠大，不會有人發現、不會有人看到我、更不會有人找我麻煩，遊走法規邊緣。

其實說對了一半，當你還不起眼，真的誰都不想理你，但當你有點成績了，有點樣子了，那麻煩就會找上你了。這個麻煩可能會讓你之前努力的一切直接歸零，罰款事小，惹上官司才是精神折磨的開始。

做生意求的是財，不要跟法規過不去，該繞過的、該避免的就盡量趨吉避凶，不要到時候再說、遇到再改，很有可能連讓你改的機會都沒有。

任何的合作內容、文字、圖片都需要謹慎去審視，或許會因為法規問題導致文宣廣告效果下降，但避免麻煩才是經營的主要法則。

當然，若有足夠的預算，可將罰款視為行銷的一部分，也是有廠商這樣操作，但前提是，你要有把握不會被強制下架，當「牌」被拔掉後，很難再找回來。

Q36. 有沒有不花錢的廣告？

這是做品牌、做行銷最常聽見的，要馬兒好、又要馬兒不吃草，來，你幫我寫文案、剪影片，但沒薪水。還有一個前提，千萬不要打我。

不花錢的廣告，有，但這個代價不見得你願意付出。

不花錢，代表你要花更多的時間、更多的心力去產出內容，一週寫三篇文章去做 SEO，一週更新兩支影片去創造訂閱，粉絲團一週三篇發文然後去拜託所有親朋好友幫忙分享，最後還不見得能創造出流量。

我聽過有些業主說，我不要流量啊，我只要訂單，其他我都不重視。太好了，開店成交之前要先開門，看來這件事你還不太了解。

流量就等於你把實體門市的店門打開，有人經過、有人感到好奇，才會進到店裡面，才有成交的機會。不要懷疑，真的很多人不了解這件事，而且比例高到會讓你驚訝，尤其經營實體店面的業主更嚴重。

回到不花錢這件事，以上創造出來的內容，不是一兩個人就可以完成的事情，內容包括文章撰寫、圖片製作、影片拍攝、後製剪輯等等各種高度專業，更何況還要經營粉絲團創造固定粉絲流量，真的不是不睡覺就可以達到的。

現在各家平台的觸及演算法，低到會讓人流眼淚，一萬人的粉絲團，一篇發文的自然觸及率連 500 都很難達到，若真心要經營，真的有必要設定固定的廣告預算，哪怕一天只有 500、1,000 都好，慢慢累積，只要內容夠好，都會做出成績。

不花錢不是做不到，只是付出的代價可能就是失敗收場，這樣你還願意嗎。我不給問號，直接下句號，因為你跟我的答案應該相同。

　　廣告預算等同一位業務人員，需要挨家挨戶幫你去拜訪客戶，讓你的目標客戶認識你，能夠來到你的網站、粉絲頁，了解你在做什麼，你在賣什麼，你有什麼故事，轉換成這個思維去看待廣告預算這件事，少量的、精準的去曝光，真的會非常划算。

Q37. 廣告投放的方法跟選擇

　　如果你想看的是廣告投放可以保證獲利，那應該是走錯棚了。

　　廣告，沒有保證的結果，說穿了，大多數的預估值、銷售值的評估基礎，都是個人觀點居多。如果有哪個敢拍胸脯保證收益的操作合約，我也想要簽，躺著數錢多好，都別人幫我做就可以了。

　　這裡講的投放方法跟選擇，指的是受眾跟平台選擇，以及最重要的工具選擇。每個投放廣告的方式都是一種工具，例如：選擇做 SEO，就要分配預算到關鍵字的廣告，而且預算比重會偏高；如果選擇做 FB、IG 流量廣告，部落客、KOL 開箱、體驗文章就必須經營，這是上層流量客群進階的重要步驟，讓使用者認同你的產品，如果網路搜不到任何推薦，就算被廣告打到都沒效果，因為連你都不會相信。

　　網路的廣告投放，需要的是一個「面」的完整，而這個

「面」需要由許多的點去構成，與實體通路的銷售模式完全不同。我相信在看文章的很多人，都有一種廣告投放下去就會有訂單的迷思，而且大多試過，也大多失敗收場。

在你選擇踏入這個領域時，要先了解有哪些工具可以使用，廣告投放有哪些方式，背後的意義又代表什麼，這樣的操作才有基礎價值。觀念遠比技巧重要，放對地方才會有品牌外溢的成效。

市面上常見的廣告操作有哪些：

- FB、IG 自媒體投放
- Google Ads 聯播網、關鍵字、再行銷
- Yahoo 原生廣告
- EDM 電子報行銷
- 部落客、KOL 業配、口碑行銷
- SEO 搜尋引擎最佳化
- LINE LAP、好友名單
- 社群媒體 YouTube、Podcast
- 聯盟行銷

各種工具都是行銷可以選擇的方式，大多數人僅接觸 FB 為大宗，但 FB 僅為第一層的流量廣告居多，只單做這一個往往會有高觸及低轉換的狀況，聲量高、曝光高卻沒辦法帶動業績，無法將第一層流量導入成為名單，廣告預算就永遠不會下降，你要知道，行銷操作的費用第一層的流量是

最貴的。而「關鍵字」更是觸及導流量的關鍵。

　　透過像素、名單資料取得後，可執行第二階段的行銷模式「再行銷」，甚至可以根據資料操作 EDM、簡訊發送。這一層的導促模式會大幅降低行銷預算，而且轉單率會明顯比第一階段來的高許多。

　　最後，取得 LINE 的好友名單，做為鐵粉的服務平台，任何品牌大小事、銷售目的都可以透過 LINE 去做推播。LINE 在台灣的使用度高達 90％以上，也是各大品牌也選擇這個平台的主因，無須再教育消費者，最直接的溝通管道。

　　上述的一個粗略完整的行銷模式，就已經需要做到五個行銷工具，自媒體＋關鍵字＋再行銷＋EDM＋LINE 官方，才構成一個完整的品牌銷售模式，這麼多工具很難一個人就可以完成，不是沒有，只是稀少。

　　行銷市場不是只有一套方式，先前提到的各種媒體與工具都可以自由選擇去拼湊你的銷售模式，嘗試哪個最適合你，但都需要時間去調整，操作經驗的多寡，影響你的預算消耗。記得，沒有保證有效的廣告，只有靠經驗成功的廣告，而且最好由自己操作掌握。

Q38. 廣告成功的定義是什麼？

　　成功的廣告定義就是有收不完的訂單，賺不完的錢，就

連做夢都會笑，但真的大多數都在做夢而已，要達到這個廣告效益之前，有很多的前置作業要執行，尤其是長年經營的品牌外溢效應。

很多業主私訊來說，只有在投放廣告的時候才有訂單，只要廣告暫停，就打回原形，什麼都沒有，你是不是也有相同情況，還是說，就算有投放廣告也是沒訂單。

品牌外溢效應是什麼？

簡單來說，當你看到某些品牌廣告的時候，看過、但沒買過，可能是沒有產品需求、可能是價位問題、可能是現在不想買等等諸如此類的就是沒買單。但未來有一天，可能你剛好需要什麼，逛到曾經看過的這個品牌，也有符合你需要的產品，你就結帳了，但它其實沒有打廣告給你，你也相信它了。

可能你沒在 lativ 買過東西，但你不會質疑它；可能你沒逛過 UNIQLO，但你知道它有賣什麼；或許你沒穿過 LEVI'S，但你知道它的品牌價值；更或者你沒加入過直銷，但你知道它是幹什麼的，然後也不會想加入它。

這些品牌、產品可能沒有侵入你的生活，但你卻知道它、甚至概約了解，都是品牌外溢效應的成果。例行性的廣告除了導購轉換之外，也要重視品牌外溢的成果，能不能讓人有記憶點，能不能讓你的品牌做出價值，當使用者未來需要類似產品，你就會被列為選擇之一。

　　經營品牌沒有一步登天的成果，也不要迷思下某個廣告、請了某個代言人就可以飛黃騰達，這些操作雖然有效，但都是短期效應，只要時效過了，就會回到原點，而且很多人是沒辦法達到損益兩平回收成本的，只是對方沒告訴你。

　　成功的廣告靠的是背後累積的內容，廣告曝光只是打開銷售的開關，消費者始終會回過頭去看你背後的品牌實力。

Q39. 實體店面也需要網路流量嗎？

　　前陣子葛捷思跟一位業主在談論這件事，觀念的分歧相當大，甚至完全沒有交集點，更別說共識了。

　　經營實體店面，曝光的流量真的不重要嗎？

　　實體店面的經營，面對面的服務固然是最重要的，有好的購物體驗與溫度的傳達是最好的銷售結果，也是創造品牌鐵粉的最重要原則。

　　那這些成為粉絲的消費者，是如何來的，是否有想過這個問題。

　　靠陌生人流自己上門嗎？

　　還是靠消費者的口碑傳遞而來？

　　當然，這些都是經營的重點，但銷售的工具在改變，消費者的行為也在改變，如果只靠服務舊客，無法創造新客流量，那最好的銷售狀態就只能維持現狀，無法再持續成長，

簡單來說，只會更差，不會更好。

我們常常在媒體看到許多網紅店爆紅，創造了流量也創造聲量，真的只是把服務做好就會被看見嗎？

還是你忽略了他們背後所做的曝光計畫，有沒有想過為了這一天，做了多少品牌行銷的露出，讓消費者、讓媒體去注意到它們，才有今天的成果。

舊通路並不會因為新的通路崛起而滅跡，會導致成長萎縮的主要原因，通常是害怕新的工具，因為不熟悉、因為不了解而導致拒絕使用。

一如往常的使用舊工具操作，吸引來的也會是舊客戶，要創造新流量、新客群，新的工具必須要去嘗試，要去經營，你才有打破現狀的可能，才有辦法再度創造機會。

請你思考一下，你最近去嘗試的新店，是因為你在社群媒體看見推薦、看見廣告，然後前往踩點嘗試，還是無意間經過就走進去消費，評估一下這兩者之間的百分比，用你自己的生活體驗當作參考依據，答案已經很明顯了。

Q40. FB 社群平台的使用者特性

這個問題非常基本，但真的很重要，特地再拉出來回應更多一點。

現在 FB 的使用者現況，主要年齡層在 35 歲以上，而

且有高度閱讀能力，以及高度的黏著特性。這跟其他平台有很大的不同，閱讀力高，代表轉換率也相對比較高，而 35 歲以上的年齡層也正好是含金量最高的族群，所以目前的廣告投放還是以 FB 為最大宗。但也是詐騙廣告最多的地方。

當你將經營主力放在 FB 上，要額外經營其他的輔助管道，例如官方網站、LINE 官方，甚至經營的內容要讓人看得到、找得到。為的是釐清自己不是詐騙，告訴消費者，你可以相信我，我有完整的後續服務，只要有問題，都可以幫你解決。

不要單純的認為，只要經營好 FB 上的圖文，就會有源源不絕的客戶，大家都很怕遇到詐騙，尤其是當自己成為被騙的那一個，可惜的不是金錢的損失，而是我怎麼會這麼蠢（然後通常都不敢跟朋友說）。

FB 上的使用者熱愛分享，這個分享的結果你可以當成 IG 的 #hastag，讓這些類似的受眾去轉發內容，擴散觸及更多的使用者，知識型的圖文更容易獲得共鳴。

這些經過人生歷練的使用者，總是有很多故事，有很多屬於自己的特別經歷，將這些故事引導出來取得共鳴，讓他們成為你的再傳播者。如若真的打中他們心中所想的，會直接成為你的消費者。

Q41. IG 的受眾習性

慣用 IG 的使用者不喜歡太廢話，喜歡直接式的圖片、短影音，喜歡呼朋引伴，立即得到反饋，得到回應。IG 要的是情境，而不是經歷，記住這點，貼文互動率會比較高。

經營上千萬不要長篇大論，一大堆文字，一堆大道理，年輕人最怕長輩碎碎念，滑個 IG 還要看你說一大堆，敘述式的內容效果會非常不好，這也是他們逃離 FB 的主因之一。

去創造情境，創造產品衍生出來的環境，透過圖片、影片傳達另一種生活方式，讓受眾嚮往、產生興趣，在 IG 上會來的比較有效果。

在 IG 的限動發布頻率跟數量上遠比動態來的多，葛捷思個人覺得原因歸咎於怕被 DISS（帶有輕視、遭受攻擊之意），有時候我們發文不見得所有看見的人都會認同，多少有酸言酸語出現，如果使用動態就會常駐在版上，會看的很不舒服，所以限動時間一到就會全部消失，很符合這個族群的訴求，炫耀，剛好就好，放太多、太久，也顯得假掰。

IG 的品牌經營適合年輕人的產業屬性，抓住潮流、時尚、時事話題性都可以產生不錯的聲量。但轉單率以目前的狀況來講，還是比 FB 差一點，畢竟收入普遍沒有 35 歲以上的族群來的高，消費能力也相對比較弱，這是一定的。但你把年輕人的產品拿到 FB 去賣，原則上也不會比較好，年

輕族群在 FB 的使用時間相對少很多。

Q42. 自媒體的廣告投放，是縮短成功路徑的工具

　　這個商業環境很現實，自媒體就算擁有大量的粉絲，當轉換數量達不到預期的效果時，很快地就會被市場慢慢遺忘，我們都看過很多聲量很高的 KOL，但並不是人人都能創造業績，商業定位與觀眾屬性就會成為很重要的導向。

　　如果要依靠自然演算法去找到你想要的 TA 族群，以現在的自媒體環境已經不可能達到。經營粉絲團，除了傳統的做法，衝刺大量粉絲數量後，再去分流行銷做轉換到深耕粉絲之外，能夠快速找到最精準的目標就只能依靠自媒體的廣告投放。

　　Meta 的廣告後台可以設定興趣、年齡、性別，還可以包括過去一段時間觸及過的受眾，埋入像素可以追蹤曾經到過自己網站的使用者，也可以排除哪些不想要的觀眾，這些設定並不在前台的設定範圍內，必須要到企業管理平台的後台去操作，這些教學資源在網路上可以找到一些相關資訊，也有許多人開設課程，當然我自己的課程裡面也有提到這個工具，自己再去比較看看哪個符合個人需求。用得上的才叫工具，不要浪費錢甚麼都買，把一個工具學精，勝過甚麼工具都會。

　　現在自媒體的廣告環境有點被過度妖魔化，太多的詐騙廣告跟不符產品品質的劣質購物網頁，導致這個環境變得讓人唾棄，只要看到廣告就會被貼上詐騙的標籤，所以更必須建立大量可被信任的素材才有導購的可能。

　　回到書中的章節所說的，在部落客、KOL、媒體平台，建立個人與品牌的公開資訊，就變成很重要的基本功課，當你的廣告被看見，消費者檢驗你的過程就來自這些資訊。

　　目前的自媒體主流廣告除了 Meta，還有 Google Ads、LINE LAP、YouTube 影音，評估自己的粉絲樣貌與素材，選擇最適合的平台，也可以多平台交叉使用，會比自然觸及經營來的更順利，雖然需要花點預算，但絕對能夠減少許多經營的障礙。

Q43. 企業微型化 & 團隊微型化，
　　 一個人不要做太多事

　　在葛捷思的書裡的最後一章有提到，未來企業會越來越微型化，專業分工越來越細、團隊運作也會分出更多操作模式，過去由一個團隊全包所有品牌經營、通路行銷的模式，績效很有可能越來越差，反倒是將團隊切割細分後的各自為政會來的更出色。

　　以前操作品牌會將資源整合後再分散給各個通路去做曝

光行銷，現在因為各個通路的使用者屬性差異性過大，光是素材的產出能力就大不相同。

例如，FB 主要執行大量文案的廣宣、IG 主要在圖片以及短影片的創作、Podcast 屬於音訊輸出剪輯、YouTube 需要影片的後製能力，各種自媒體的屬性都不同、素材也不同，一個團隊要能全部包辦，需要多少不同的專業以及人力支出，會很辛苦，當然也是有人全包了，但效果如何，就見仁見智。

現在使用者的評分標準越來越高，品質不夠好的素材無法讓他們駐留，當你跨越太多專業跟平台操作時，無論本身功力多高強，都沒有多餘的心力可以去經營，常常變成有做就好，業績也就時有時無。

寧願一個人操作一個工具、一個平台，也不要五人的團隊一起操作五個平台。當只有一個人經營一項工具，他會把所有可能性都翻出來，總會找到更好更適合的製作模式；但五個人一起經營全部的工具平台，最後常常分辨不出是哪個帶來的績效最好，哪個又是可有可無的使用工具，更無法分辨出團隊中各自的操作實力績效表現如何。

各自為政的經營策略，可以明顯的判斷出哪個操作模式會是最適合品牌現狀，主導操作者的邏輯思維是否跟受眾達成共識，團隊僅需在適當的時候支援即可，剩下的就是給足操作空間，讓時間檢視成果，再依據績效調整團隊架構。這樣的團隊執行績效，會比一群人一起做同一些事來的更有效

率、更快達成目標，五個人，最後加起來的績效絕對超過五。

嘗試看看不一樣的團隊領導策略，相信你會有收穫。

Q44. FB 廣告投放的腳本設定

投放廣告的標準程序會依照產品本身的特色與訴求去做觸及，比如說，販售甜點，就會選擇甜點相關的關鍵字，有口味則會選擇口味為主要目標，實際舉例受眾設定。

草莓蛋糕

關鍵字設定，「蛋糕＋甜點＋水果＋女性＋購物＋年齡範圍」，這是大多數人會設定的腳本模式，但葛捷思會嘗試用一樣的素材再去投放一篇類似受眾，「黑森林＋巧克力蛋糕＋下午茶＋飲料＋女性＋網路購物＋年齡」。

以上兩種的差異，第一種是直接的主要受眾，第二種是甜點的類似受眾，吃巧克力蛋糕的人也很有可能喜歡草莓蛋糕，而吃蛋糕的人通常會加上一杯飲料，這些就成了第二個可以嘗試投放的族群。

膠原蛋白粉

關鍵字設定，「保健＋美容＋膠原蛋白＋女性＋購物＋年齡範圍」，受眾的基礎設定外，可以另外設定「婚紗＋皮

膚＋膠原蛋白＋女性＋購物＋年齡範圍」，受眾需求兩者不同，圖文的內容可以隨著訴求去更新，抓到的客戶群也不會相同。

以上的設定腳本都需要時間去驗證效果，但切記不要在同一個素材、同一個廣告裡面放入太多不同的族群，這樣吸引來的受眾五花八門，你製作的素材基本上也不夠精準，最後就成了高點擊率、低轉換率的標準案例。

強烈建議在投放之前，用 PPT 或者心智圖去規劃廣告投放的設定，將幾個腳本的細節都明確列出，在後續追蹤投放的成效，將效果較差的淘汰掉，留下比較好的，將品質高的廣告再去優化另一個受眾嘗試，這樣有邏輯性的修改廣告，你會發現廣告的成效數字真的會說話。

當未來要再投放新的廣告，就可以將過去投放的內容做為基礎直接找到最好的模式去操作，省略過一個一個嘗試的階段，更省下不少預算。

將受眾設定好後，廣告的投放目的不一定都要設定為「轉換」，雖然說「轉換」是最直接拿訂單的模式，但也可以嘗試設定「互動」為目標。

當一個貼文互動率高、貼文品質好，也會帶動很高的轉換率，這是消費者在購物上的盲從心態，就跟你在路邊看到很多人排隊，你也會想去湊熱鬧買一個試試看。多方嘗試，只要能產生訂單，都是好的嘗試。

記得投放廣告要到「企業管理平台」去設定，很多不熟

稔 FB 的人會直接使用「加強推廣貼文」，這在我們投放的
經驗來看，這個按鈕等同於斗內給 FB 沒有兩樣，不要笑，
這是真的。

Q45. 製作廣告文宣，拜託，不要再弄錯受眾

經營粉絲專業常收到一些訊息，也檢視了一些來信粉
絲的廣宣以及品牌內容，真的有點無奈，覺得沒訂單、沒業
績，真的只是剛好而已。

就不拐彎抹角了，直接說明這些沒訂單的原因。

電子商務的廣告文宣、產品說明，非常高度專業的解
說，成分專利、專有名詞、甚至國外的認證、檢測結果，琳
瑯滿目的各種說明，立足台灣、放眼國際，創造台灣之光，
真的是太棒了。

不好意思，我想請問一下，你做台灣人的生意，做電子
商務的通路，你這些東西是要給誰看？

專業的東西，只有同業才看得懂，一大堆國外認證看起
來很厲害，但沒人曉得那是什麼，你的自我滿意度大過消費
者的接受度，即便你創造很高流量的點擊率，也會創造極高
的跳出率。你做的電子商務是 B to C，不是 B to B 阿。

千萬記得，消費者要看的是你的商品可以為我改變什
麼，帶來什麼，創造什麼，不是你的東西有多厲害、多了不

起、拿過多少獎，這些都只是附加價值，你把這些放在最上面，花最多時間講這些，給鬼看？

請你把商品適合誰用？

適合解決哪些問題？

適合在哪種情境出現？

一項一項列出來，幫消費者把答案都找好，消費者會自己找出自己的症狀和需求，看到你的解決方案，自然就會買單。

拜託，不要再自己覺得自己很厲害，然後沒人看得懂，再來抱怨平台沒用、廣告沒用、這世界不懂我。

說到廣告，如果你有以上的症狀，你所投放的廣告，也肯定沒效果，打從一開始的設定就已經錯誤，就算你把賈伯斯請出來幫你投放廣告也很難有效果。

Q46. 數據分析，就像樹林裡的麵包屑

麵包屑的故事相信大家都知道，但很多人卻忘了這是糖果屋的故事，而不是麵包屑，但麵包屑卻成了你我印象中的主角。

數據分析就跟這個故事一樣，每個數據的來源都是電子

商務產生出來的麵包屑，觀察這些麵包屑的來源、數量跟成本，去評估每一個行銷模式的可行性與效益好壞，是一件需要耐心、需要邏輯推敲的苦差事。

利用麵包屑找到回家的路、找到消費者購買的體驗行為，消費者來源從 FB、LINE、Social、Direct、Paid Search、Organic、Email 都可以追蹤，當你仔細分析這些數據的流量跟轉換率，可以針對比較好的廣告文宣去做預算的調整。

在經營品牌的路上，我們會嘗試各種可以觸及到消費者的廣告，但成效的好壞常常會依照感覺去做判斷，或是看不懂數據本身帶來的意義，很多不必要的廣告通路預算就會因此耗損而不自知，因為我們不知道訂單到底哪裡來的，不敢貿然終止任何一個廣告。

我們也不可能經營每一個通路廣告，這需要大量的預算，並非一般品牌企業能負擔。

當我們能理解這些數據的涵義，就能正確選擇終止沒有收益的支出，將預算挪到最好的廣告素材上，讓有效益的廣告能觸及更多消費者，讓數字告訴你哪個是最好的商業模式。

現在好用的工具很多，在經營通路跟品牌之前，將工具熟稔是成功的不二法則，或是，你想把廣告投放這件事全權交給代操公司，雖然也是一種選擇，但通常績效會比自己操作來的稍差一些，畢竟自己的品牌自己操作，再怎麼樣都會比給其他人操作來的更細心、更盡力一些。

Q47. 電子商務，不是上架之後自己就會賣

有些經營通路的操作者，對於電子商務的銷售模式並不了解，會有一種錯誤的認知，只要上了 MOMO、Yahoo、蝦皮等簽約的大平台，就會有源源不絕的訂單跟業績，但你我都知道，這是不可能的。

這些平台擁有的工具多到你想做都做不完，它們能夠吸引這麼多消費者定期在平台上瀏覽、消費，花了多少預算跟資源經營使用者黏著度與忠誠度。

你想使用它們經營的平台曝光，可以，但必須拿出預算，一次曝光幾萬元到數十萬元都有，只要你花得起，平台上數百萬個會員都能看見你的廣告、你的產品，有錢好辦事。

如果你不想花錢，又想在這些平台銷售，那就要在其他自媒體與網站平台多努力。

- 你可以利用官方網站，撰寫導流文章，使用 Google Search Console 提升 SEO 的效果，達成轉單率，但，這個方式你仍要建立網站，以及安裝 SEO 外掛，一年萬元上下的網站空間以及外掛費用。
- 你可以業配部落客，善用部落客本身帶來的流量達成轉換，但授權及推薦文分享仍需合約費用。
- 你可以使用 FB、IG 等自媒體創造品牌粉絲，帶流量又帶訂單，但現在觸及率僅個位數，還是要花預算

投放廣告，才能持續創造流量，還是得花錢。

- 你可以用 LINE@ 官方增加好友來群發訊息，讓你的好友可以定期收到你目前的促銷優惠、新品上市等內容，但，增加好友需要下廣告，好友不會憑空而來，而出價預算 35 到 45 元則是一個比較穩定的價位，雖不算低，但轉換率高。

- 你可以使用 ADS 投放，善用關鍵字搜尋、再行銷、圖文廣告、影片廣告等模式，去創造新流量，各種琳瑯滿目的工具可以使用。

總結來說，電子商務是一個需要花錢才有辦法經營的通路，這跟開門市店面的概念一樣，必須有曝光支出才有收入，想想看，如果連店面都沒有，實體門市如何經營。

電子商務上架後，還有很多工作要做，上架只是將店面打開而已，要如何把流量、把消費者帶入網站內，哄乾爹乾媽們買單，才是重點。

Q48. 做品牌也能做代工，不要把框框先架好

過去幾年的商業市場上，許多做代工的工廠、製造的廠商，紛紛成立自有品牌，擺脫代工廠的標籤，用品牌去創造更大的利潤空間，畢竟兩者之間的毛利有著極大的差異。

它們擁有著極大的優勢，低廉的成本、無須轉手的經銷抽成、產品客製化的服務都成了最大的經營賣點，也吞噬了許多中小企業盤商的生存。但，所有工廠都如此順利轉型成功嗎？ 其實並沒有，大多數仍維持製造業的思維，去模仿品牌銷售的味道，試圖讓自己成為一個品牌，最後，產品往往會回到當初代工的價值與價格，品牌的經營精神與製造業仍有一段不小的差距。

從品牌回到代工製造，這是一種很奇妙的經營模式，代工與品牌兩者之間微妙的操作模式，成功率往往比上述的模式高上很多。許多人認為，品牌是代工進化的歷程，卻很少人做了品牌之後，再回頭做代工，但這反而是消費者能快速接受的一個品牌操作模式，也是擴大經營的一種手法，安全、且有效。

「代工」，需要消費者認同產品品質，「品牌」，需要消費者認同品牌價值，如若從代工起步，最少需要做到這兩件事才能達到消費者認同。

反過來說，品牌起家，做到了消費者的品牌認同，對於產品通常也會達到同等的信任度，只要是這個品牌銷售的、代工出廠的，消費者都能信任。

有些人會說，那都來做品牌就好，代工之後再說，但要先檢視自己的企業跟品牌，是否有這些資源跟硬體資產可以操作。

這裡強調的概念不是誰好誰壞、誰強誰弱，而是做了品

牌，也可以回頭往代工去進行擴大營收、擴大產品線，品牌不一定就是比較高端、比較嬌貴。品牌或許沒有成本優勢、沒有製造優勢，但擁有品牌辨識度優勢、品牌信任度優勢，這可以在代工的路上省去不少該做的努力，品牌標籤，就等於品質保證。

現在許多的企業不再侷限一種商業模式，只要能達到「創造營收」的目的，都無所不用其極地在測試、在創造奇蹟，你看看超商店員就知道他們有多無奈了，包山包海，以後說不定連你的喜帖、婚宴都包了。

Q49. 文案，很重要，要賣就要會寫

文案也就是一種說服的能力，這個能力的高低成為你訂單多寡的關鍵，有些人認為圖片做得好就好，有些人覺得影片拍得好、後製剪得好就能達到效果，另一群銷售人認定消費者只看價格，只要降價、只要促銷就會成交，其實，這些也都沒錯，這些都是素材的一種呈現方式。

但圖片的內容還是需要標題，影片仍需旁白去闡述，降價銷售也需要讓人了解這是什麼產品，不管哪一種形式，都需要去用文字說明內容。

來個舉例，年終拍賣、一件一元起標，夠便宜了吧，仔細看圖，產品是「一張衛生紙」。還有比一元訂單更便宜的

嗎？而且還跟蝦皮一樣免運費。

這賣場瘋了，我家好市多的衛生紙，一包一百抽才十元，你一張一元要賣給誰。但他在下面產品說明寫上，2021年五月天演唱會主唱使用過的，你猜猜看這個賣場最後會標到多少金額。

價格便宜多寡定義不一，價值的高低也隨人的嗜好改變，在文字上的訴求會改變產品本身的價值，文案的情境創造會提升附加價值。衛生紙，本身沒有任何意義，就是一張紙，但它寫上了演唱會的使用道具，你的觀感會立刻帶你到演唱會的場景裡頭，它曾經在那一個剎那出現在現場，身價從此不菲。

你我都愛喝咖啡，買一杯星巴克回到辦公室繼續下午的工作，其他人的解讀可能是，你忙碌一天需要咖啡來集中精神繼續接下來的工作。

轉換個場景，這次不帶回辦公室了，就坐在窗邊，選一個好街景、翻翻書、發發呆，靜謐的場域，很舒服、很輕鬆。他人對你的解讀，或許是剛完成一個案子，或許是讓自己放慢腳步、沉澱心情，一個人的充電，是必要的。

同樣一杯咖啡，能集中精神努力工作，也能放鬆心情，這問題大了，我想這成分是不是需要送驗一下。

之所以帶給你不同的解讀模式，是文字在不同的情境可以說不同的故事，不同的心情可以闡述不同的需求，但商品卻是一樣的內容，卻照顧到了不同的受眾族群的需要，這麼

細微的改變，只有文字做得到，而且精準達到目的。

文案，對於銷售而言，真的非常重要。

葛捷思經常回覆問題與訊息，撰寫行銷與職場的相關文章，也是在訓練自己的文字能力與文案技巧，在你看過許多的文章時，我也寫過不少爛文字，只是沒公開而已，別怕寫，只怕寫不出來，只要寫得出來，總有一天會越來越好。

Q50. 經營自己，有必要嗎？
最後決定權不也都在老闆？

五十題了，先感謝粉絲的來訊互動，才能推動這個企劃的產生，50 只是一個數字，給自己一個明確的目標，完成了，就往下一個前進，如同書裡說的，提升自己、經營自己都必須有目的，才好堅持下去。謝謝各位的支持與來訊。

沒錯，最後決定權都在老闆身上。

在職場中，老闆就是皇帝，老闆說什麼就是什麼，就算賠錢的案子，只要老闆點頭，我們都必須照單全收，最重要的就是老闆開心。但你有沒有看過，老闆遇到某些廠商或員工，態度就是會比較軟化、比較願意放下身段溝通，甚至會感覺得出來老闆處在劣勢的狀態，這又是為什麼？

想必大家心裡都有數，要嘛廠商太大得罪不起，要嘛是公司內部業績良好、績效良好的特定員工，才能讓平時頤指

氣使的老闆收斂點，有時候還必須適當的妥協，尊重對方的團隊，以及績效與經驗都突出的同仁。

經營自己，先不管是不是會大富大貴，但提升自己的最後目的，都是為了能讓自己過得比較舒服，不論是收入上，或是老闆的寬容度上，兩者都是相輔相成的成果。我們在抱怨的同時，若可以轉變心態讓自己成為被羨慕的那一個，才是解決問題最根本的方法。

世代與環境不好是事實，但仍然有許多人過的生活在水平之上，這也是事實。並非人人都有富爸媽，有家業可以繼承，越早理解這相互間的關係，會比較能讓自己甘願花時間為自己做點什麼。努力，是不可能舒服的，必須等待收割成果的那一天。

勞資雙方本就是拉扯的關係，只要仍是領薪資的一天，這場遊戲都必須一直下去，經營自己只是其中一種方法，並不一定要照本宣科，只要有更好的方式能讓職場的環境對你更友善，都值得去執行。

換個角度來說，就算不為老闆努力，也該為自己努力，經營自己，是對自己負責的一個表現，沒有人願意十年後跟現在的自己一模一樣，都需要有特殊的成就來證明自己，提升更好的生活品質。

心態，才是決定自己的高度的主要因素。

結語
你，就是自己的品牌推手

　　職涯的日子很長，並且會不斷尋找著「最適合自己的工作和最理想的工作內容」，但事實是沒有一個工作會讓你一直喜歡下去，換工作就會成了常態。而職場異動本就會有不同的風險，每一次的轉職或改變產業，就會讓自己的累積形成斷點，過去的專業績效好像就再也幫不上忙，每一次的轉換都會讓自己再一次成為新人。

　　我們每一次的努力，雖然不見得都會在同一家企業、同一個團隊裡創造出來，但是每一次的成果都值得被看見、被認同。

　　掌握當下的自媒體主流，在下班後經營自己的第二個事業曲線，讓你的職場專業在線上媒體能夠得到認同，獲得業外的曝光與合作的機會，也成為目前職場上提高收入的主流方式，加薪不一定都非要靠老闆才得辦到，職場也不是只有正職單一個選項。

　　自媒體的成熟，讓所有曝光跟經營商業模式的門檻降得很低，只要能掌握其中的某些關鍵，就算不用全部的工具都熟稔，依然可以創造不少的機會價值跟轉換產值。

　　而數位廣告更是這個銷售世代的代表作，雖然平時覺得廣告很煩，但差別只在於角度的不同，一旦當你成為業主時，數位行銷就會成為你最有力的銷售工具。熟悉商業轉換上的工具與目的，可以提升你在工作職能上的商業認知，當未來有機會創業時，這些知識與資源更會成為你最具優勢的本錢。

　　讓自己在職場上持續的滾動，每一項被記錄的實戰內容與經歷，會慢慢的提高你的市場價值，善用自媒體的特性，讓每一次成果都能成為自己最好的背書。未來的求職路上，這些戰果會成為薪資條件與合作的籌碼依據，也會是各個企業最需要的即戰力資源，更是未來創業時必要的經驗值。

　　我們的每一分努力，都值得被所有人看見，你，就是自己的品牌推手。

翻轉學 翻轉學系列 118

沒名片，你就是招牌

求職、換工作、轉行、接案、創業前，一定要懂的個人品牌經營學

作　　　　者	葛捷思（陳昭文）
封 面 設 計	FE 工作室
內 文 排 版	黃雅芬
校　　　　對	魏秋綢
出版二部總編輯	林俊安

出 版 者	采實文化事業股份有限公司
業 務 發 行	張世明・林踏欣・林坤蓉・王貞玉
國 際 版 權	施維真・王盈潔
印 務 採 購	曾玉霞・謝素琴
會 計 行 政	李韶婉・許俶瑀・張婕莛
法 律 顧 問	第一國際法律事務所　余淑杏律師
電 子 信 箱	acme@acmebook.com.tw
采 實 官 網	www.acmebook.com.tw
采 實 臉 書	www.facebook.com/acmebook01

I S B N	978-626-349-401-5
定　　　　價	420 元
初 版 一 刷	2023 年 9 月
劃 撥 帳 號	50148859
劃 撥 戶 名	采實文化事業股份有限公司
	104 台北市中山區南京東路二段 95 號 9 樓
	電話：(02)2511-9798　傳真：(02)2571-3298

國家圖書館出版品預行編目資料

```
沒名片，你就是招牌：求職、換工作、轉行、接案、創業前，一定
要懂的個人品牌經營學 / 葛捷思（陳昭文）著 . – 台北市：采實文化，
2023.9
320 面；14.8×21 公分 . -- （翻轉學系列；118）
ISBN 978-626-349-401-5（平裝）

1.CST: 品牌 2.CST: 行銷策略 3.CST: 職場成功法

496.14                                        112012603
```

采實出版集團
ACME PUBLISHING GROUP